# 図説　日本の植生

沼田　眞
岩瀬　徹



講談社学術文庫

# 学術文庫版へのまえがき

『図説　日本の植生』が朝倉書店から刊行されたのは一九七五年である。この本は、当時高校の教育現場にあった著者（岩瀬）が、生物教育に即応できるようなものをと意図し、植物生態学者である著者（沼田）のかねてからの構想と練り合わせたものであった。内容の不備や偏りはあったが、入門書あるいは教育実用書として私たちの予想した以上に広く利用していただけたのは幸いであった。

環境教育という言葉が世に広まりだしたのもこの頃である。一九七四年から三年間、沼田が中心になった「環境教育カリキュラムの基礎的研究」の研究チームが研究活動を行い報告書にまとめた。これは後にいろいろな影響を与えるものとなった。たまたま同時期に出た本書について、「環境教育に最良の手引き書」という書評が掲載された（週刊朝日、一九七五年六月六日号）。

以来四半世紀が経過し、この間の社会の変動は著しかった。植生を中心とする自然環境の改変が進み、その保全をめぐる問題も深刻になってきた。その一方で自然に対する認識が高まり、植物や植生に関心をもつ人たちも増加した。植物が市民の身近な世界となり、一種一種を取り上げた図鑑類、観察書などは数多く出回っている。だが、植生を市民の目線でとらえた概説書はあまり見かけない。

このたびの学術文庫化の企画にあたり、改めて原本のページを追って内容を検討した。もちろん資料は古くなっているが、分布と遷移を柱にした日本の植生に対する見方は、基本的に変わりがないことを再認識した。

ここ数年、原本で取り上げたような地域を意識して再訪をしてきた。大きく変貌して前の記述の通用しなくなったところがある反面、いまも健在の自然も多くあることを知った。やはり日本の植生は多様性に富んでいる。

今回は、文章では表現上の不適切なところの修正や加除を行いながら、原本のものをほぼ使用した。ただし、取り上げた事例の現状が大きく変わったり、新たな見解が生じたりしている場合は、一部の項の中に補注（［Note-2001］）として記述した。

写真も原則として原本のものを使用した。この中には現在では再現できなくなったものもある。ただし、不鮮明な写真、あるいは現状との比較などのため、一部を最近撮影のものと入れ替えたり追加をした。図版や表では、判型の縮小にともないデータの一部を省略したものもある。

日本列島の自然の姿を理解していただくうえで、本書は二一世紀にもなお有効であることを秘かに自負している。前出の書評の最後に、「さらに安価でハンディな手引き書がつくられることを希望したい」とあったが、形を変えて再び世に出た本書がその希望に応えられれば幸いである。

学術文庫化の企画を推進してくれた浜憲治氏、これを了承された朝倉書店、および講談社の池ノ上清氏、相澤耕一氏に深く感謝の意を表したい。

二〇〇一年十二月

沼田　眞
岩瀬　徹

追記

本書の製作が進行し、校正もほぼ終了した段階の二〇〇一年十二月三十日、沼田眞先生が急逝された。本書が霊前に捧げられることになったのは痛恨の極みである。

（二〇〇二年一月　岩瀬　徹）

# はじめに（原本）

本書は、日本の植生のすがたを、分布と遷移を両軸とし、平易に図説化しようと試みたものである。このような本をつくろうという発想をもったのは、すでに一〇年ほど前のことであった。一九六六年から六七年にかけてのブラジル北東部の調査に参加した帰途、カンザス大学のキュヒラー（A. W. Küchler）教授のところに寄り、求めによって日本の植生概観の講義を二時間ほど学生にした。そのとき、教授の書いたアメリカの植生図とその説明書である「Manual to Accompany the Map Potential Natural Vegetation of the Conterminous United States」（American Geographical Society, 1964）をいただいたが、教授からこういうものは日本にはないかとたずねられた。このマニュアルは植生図の凡例の番号とページが合っており、ある番号のところをあけると群落名、相観、優占種、他の構成種、分析の記述と代表的な写真が載っている。

その後日本でも各種の植生図がかかれるようになったが、植生を目でみて簡潔に概要を理解できるような解説書は現れていない。実は一九六六年の第一一回太平洋学術会議の折にオランダのファン・スティーニス（Van Steenis）教授からも手ごろなものをといわれたし、一九六七年にやはり立ち寄った当時イリノイ大学のブリス（Bliss—現在はカナダのアルバータ大学）教授からも依頼を受けて、日本の植生についての講義を学生にした。

こうした経緯もあって、その後Numata M., A. Miyawaki and S. Itow:Natural and semi-natural vegetation in Japanをオランダの*Blumea* 20（1972）—編集責任者はファン・スティーニス—に出し、また最近、「The Flora and Vegetation of Japan」（一九七四）を講談社とElsevierから出版した。

一九六七年帰国後に、朝倉書店に上記のような話をしたところ、日本における入門書のようなものをぜひつくりたいとのことであった。素案ともいえるものは前々から頭にあったが、具体的に検討することとし、長年私の協力者としていっしょにフィールドを歩いたりしてきた岩瀬徹氏にお手伝いいただくことにした。以来かなり進行はしたものの、内容や写真などについて検討を重ねているうちに意外に時間がたち、当初の計画よりは大分おくれて今日にいたった。

原稿については、私と岩瀬氏の間を何度もいききし、最終的なものにした。写真や図についても相談を重ねながら現在の形に近づけた。

植生を扱う以上、わが国の植生に関する研究史のようなものにふれるとよいと考えたが、私の旧著「生態学の立場」（一九五八）、「図説植物生態学」（一九六九）、「生態学方法論」

（改訂版、一九六七）などで一部述べてきたので本書からは割愛した。同様に、植物の生活型に関する研究史やその解説なども、「日本植物生態図鑑」（一九六九、別冊総論）、「植物生態学」（一九五九）などに述べてあるので省くことにした。しかし、次の機会には改めて十分検討した上、別の形でまとめてみたいと思っている。

同じ植生の研究といっても、植物社会学（特にチューリッヒ・モンペリエー学派）のように方法的に決まったアプローチをする場合と、それ以外の植生研究者のようにそれぞれ方法を案出し、植生の構造・機能・遷移などの問題にぶつかっていく場合とで、内容的にはまったく異なるといってもよい。こうしたさまざまなアプローチを経て、総合的な植生の科学が確立するものであろう。

本書はそのいわば入門書として、わが国の植生の概観をつかんでいただこうというわけである。参考文献に主なものの一部をあげたように、これをまとめるにさいしても多くの先輩や友人の研究業績のご厄介になっているが、いずれにしても私たちが実地に歩いてよく知っている植生を基礎としている。わずかのページ数の中に、無理をしてまとめあげたため、内容的な偏りや脱落もあることは承知している。大方のご批判やご教示を得て、よりよいものへと改めていきたいと考えている。

桑原義晴・鈴木由告・小滝一夫・林一六・矢野勇の各氏からは、貴重な写真の提供をいただいた。ここに厚くお礼申しあげたい。また、熱心にこの仕事を慫慂《しょうよう》し促進された朝倉書店編集部の各位にも深く謝意を表したい。

一九七五年三月

沼田　眞

# 目次

写真　沼田眞、岩瀬徹
（右以外の写真は、各写真説明の末尾に提供者名を記した。）
図表　原図提供者名は各図表に記した。記名のない図表は著者による。作図は原本及び丹波草吉、木村図芸社、廣済堂。
本文レイアウト　浜憲治

# 図説　日本の植生

# 1 日本の植生帯

植物を、マツとかタンポポとかいった個々の種や個体で考えるのではなく、そこに成立する集団を全体的にとらえようとするとき、**植生**という語を用いる。植生というと漠然としているがこれを具体的に表現したのが**群落**である。

植生の成立は気候要因に支配されるが、この要因には、熱帯から極地へかけて緯度に応じて変化するもの（温度要因）と、乾燥中心から湿潤地帯へかけて変化するもの（乾湿度要因）とがある。この両者を縦と横の座標軸として組み合わせると、植生の分布を支配する気候帯が決まってくる。

日本は乾湿度要因からはすべて湿潤気候帯に属するが、南北に長いので温度要因には大きな幅がある。南から順に、亜熱帯・暖温帯・冷温帯・亜寒帯となり、それぞれに対応して、亜熱帯広葉樹林帯・常緑広葉樹林帯（照葉樹林帯）・落葉広葉樹林帯（夏緑樹林帯）・常緑針葉樹林帯という植生帯が分布している。

気候的には、日本はどこをとっても（森林限界以上の高所を除けば）、森林の成立し得る範囲にある。群落は自然状態のままにおかれれば、その組成や構造はある決まった方向へと移り変わっていく。そして同一環境下では、一定の組成や構造に達して安定する。この移り

◆温度・乾湿度の組み合わせによる環境区分システム

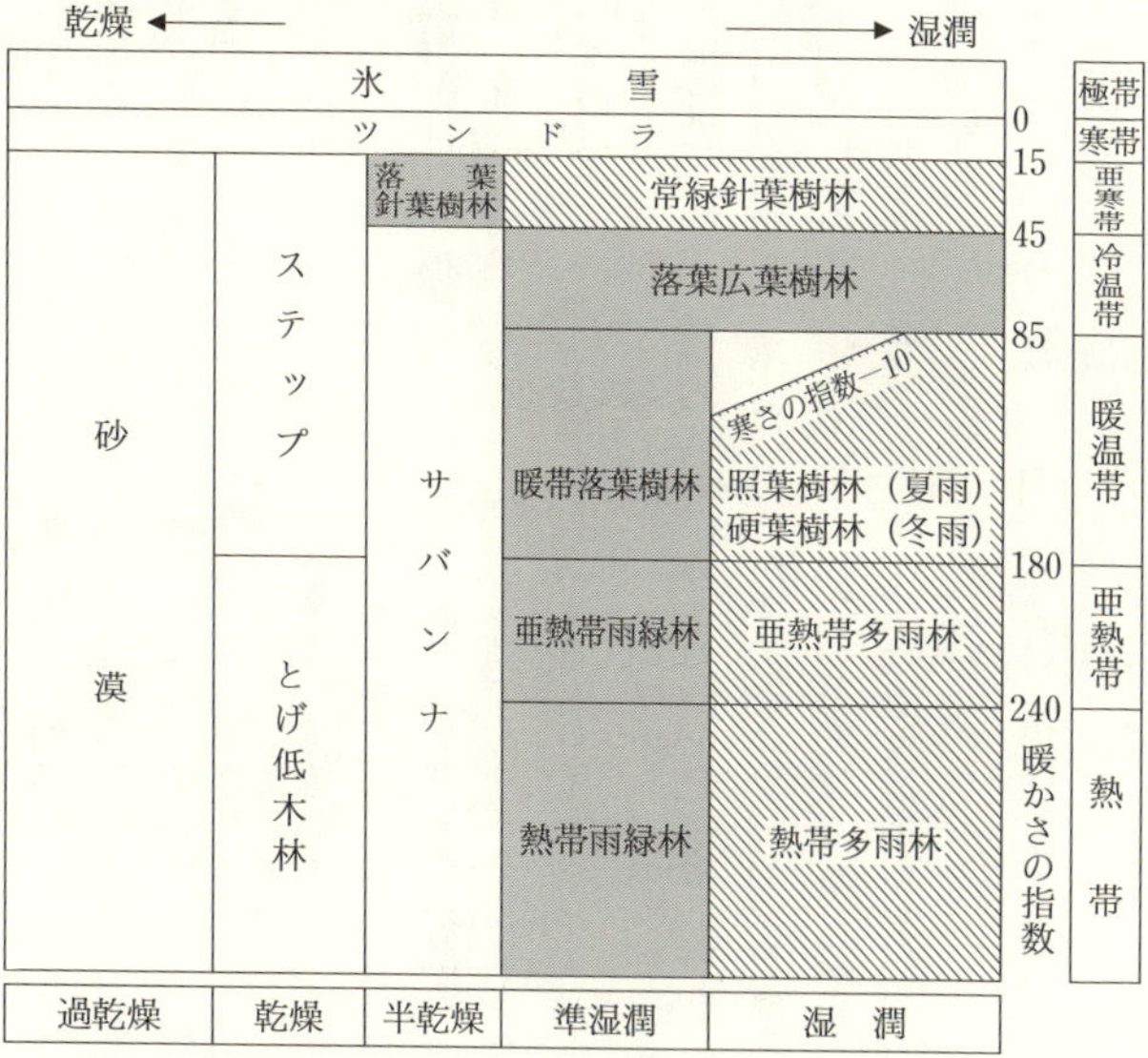


（上山春平ほか，1969）

**←クヌギとコナラの林**　冷温帯から暖温帯の平地や丘陵地の斜面に成林する。人の営みと一体になって保たれている雑木林の一典型（1972，八王子市柚木）。

変わる現象を**遷移**とよび、安定（動的平衡）に達した植生を**極相**という。

極相は、群落がその地域の環境を最終的に総合的に反映したものといえるので、違った環境下の群落を比較するときの基準となる。二〇ページの図表の植生帯は、それぞれ極相による表現である。

この森林帯の各区分と結びつく温度要因をさぐると、単純に平均気温や最低気温などを求めてもうまくゆかない。生物の季節現象にはしばしば積算温度との結びつきが論じられるが、植生帯の分布にも一種の積算温度による検討が試みられてきた。**暖かさの指数・寒さの指数**（吉良竜夫、一九四九）がこの例である。それによると、照葉樹林帯と落葉広葉樹林帯との区分は、暖かさの指数ではおよそ八五度、落葉広葉樹林帯と針葉樹林帯との区分は、およそ四五〜五五度となる。

極相に対して、遷移の途次にあるものを**途中相**という。照葉樹林のスダジイ林や落葉広葉樹林のブナ林などは極相であるが、アカマツ林やシラカンバ林などはたいてい途中相林である。一般に途中相は極相よりも幅広い分布域をもっている。たとえばアカマツ林は暖温帯から冷温帯北部まで分布する。それだけ温度反応の幅が大きいといえる。さらに、遷移の初期にあたる草原になると、反応の幅がいっそう大きくなり、北方型と南方型といった程度にとどまる。二次遷移（既存の群落が破壊されて、その時点からはじまる遷移）の最も初期にできる雑草群落では、ほとんど地域差がないといえる。

**◆暖かさの指数による等温線**

（農林水産技術会議報告書，1963に加筆）

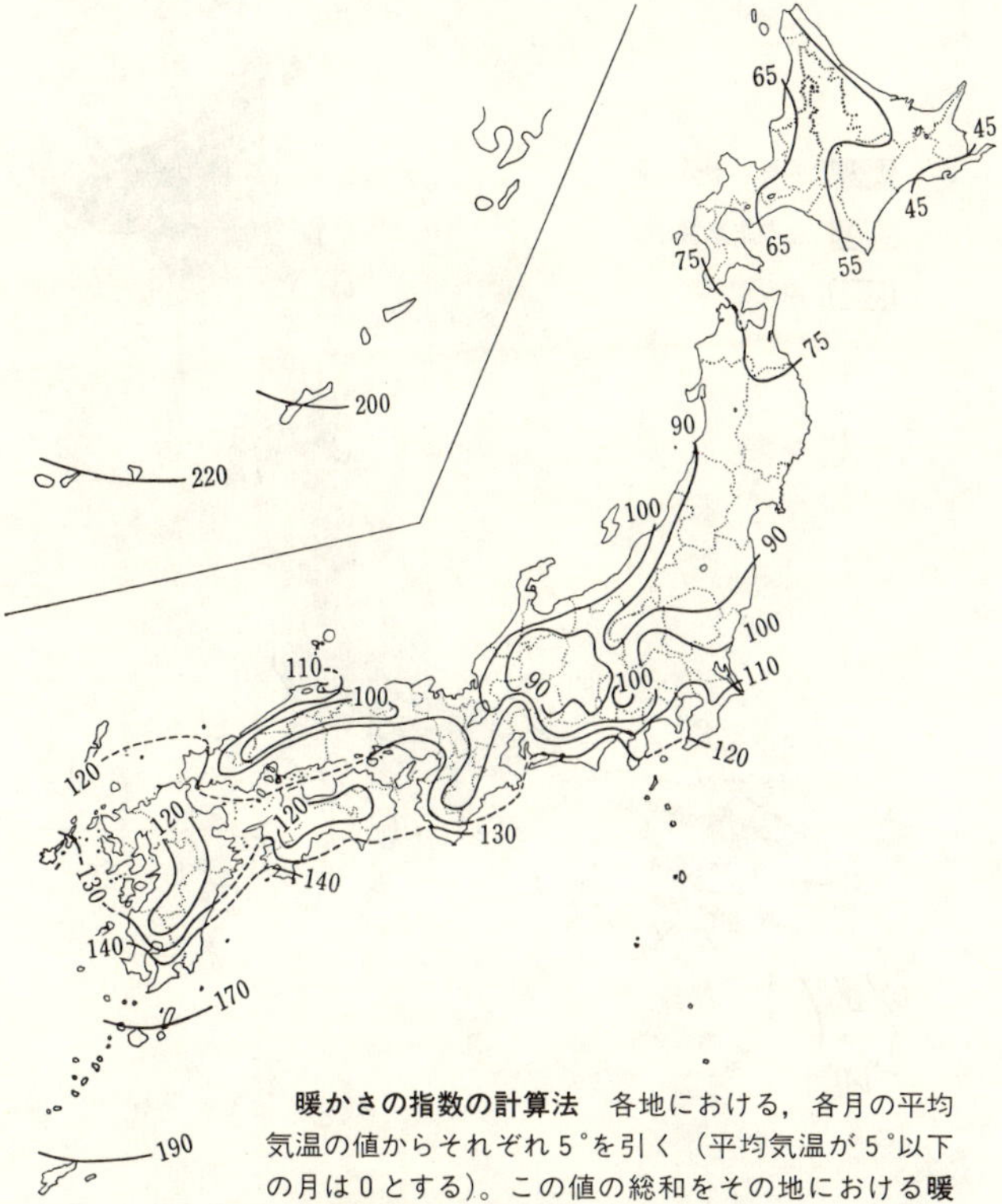


**暖かさの指数の計算法**　各地における，各月の平均気温の値からそれぞれ5°を引く（平均気温が5°以下の月は0とする)。この値の総和をその地における**暖かさの指数**という。

**寒さの指数の計算法**　月平均気温5°以下の月だけについて，5°から月平均気温の値を引く。この値の総和を**寒さの指数**という。

◆日本の植生帯

(本多靜六の日本森林帯図にもとづいて作る)

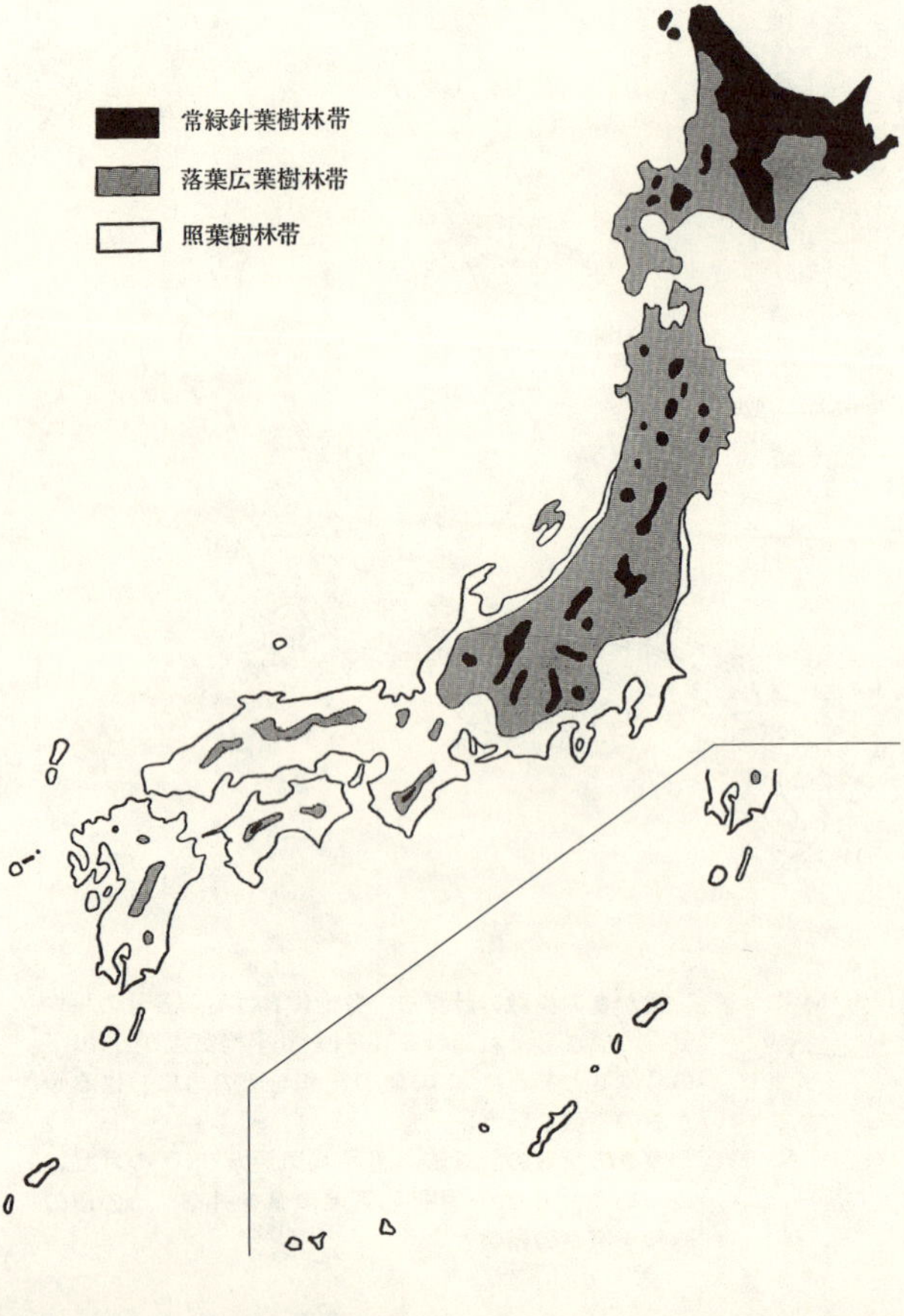

↑**北方の森林**　北海道・羊蹄山（1893m）の山麓北西斜面に発達したエゾマツ・トドマツ林で，ダケカンバ・ミズナラ・ハルニレなどの広葉樹も交える（1964，桑原義晴）。

↑**南方の森林**　奄美大島の丘陵地に発達したスダジイを主とする照葉樹林。毎年台風の被害をこうむりながら回復している（1971）。

## 2 垂直分布帯(1)——極相

植生は、低地から高地への環境勾配に対しても分布帯をつくっている。これは、大きくみれば温度要因に支配されており、したがって水平分布帯ともかなりよく対応している。垂直分布帯もふつうは極相を基準として決めている。本州中部を例にとれば左ページの表のようになる。

各分布帯の群落の相観は水平分布帯と共通するが、優占種(群落内で量的に最も勝る種)の構成は必ずしも一致しない。

実際に山に登ってみると、植生帯の境界線をかなり明瞭に感じさせる場合がある。これからみて分布帯の成因には、環境勾配によるほか、上下の種間の関係も大きな要因になっているといえる。

植生帯の境界線と結びつく温度条件を求めるとなると、そう単純ではない。暖かさの指数からいうと、一応八五度が丘陵帯の上限、四五〜五五度が山地帯の上限、一五度が亜高山帯の上限とされている。

照葉樹林帯は、シイ・カシ・クスノキ・ツバキ・イスノキなどの常緑広葉樹林からなる。この分布帯のなかでもいくつかの成層をしめす場合がある。たとえば下部照葉樹林帯(コジ

**◆中部日本の垂直分布帯**（沼田，1971）

| 分布帯 | | 相観 | 群集あるいは群団 | 対応する気候帯 |
|---|---|---|---|---|
| 高山帯 | 上部 | 草原，荒原 | コメバツガザクラ-ミネズオウ群集<br>コマクサ-タカネスミレ群集 | 寒帯 |
| | 下部 | 常緑針葉低木林 | ハイマツ-コケモモ群集 | |
| 亜高山帯 | 上部 | 落葉広葉低木林 | ダケカンバ-ミヤマハンノキ群集<br>ミヤマナラ群集 | 亜寒帯 |
| | 下部 | 常緑針葉樹林 | オオシラビソ群集<br>コメツガ群集 | |
| 山地帯 | 上部 | 落葉広葉樹林 | ブナ群団 | 冷温帯 |
| | 下部 | 落葉広葉，常緑針葉樹林 | ミズナラ群集<br>ツガ群団 | |
| 丘陵帯 | 上部 | 落葉広葉，常緑針葉，常緑広葉樹林<br>（照葉樹林） | モミ-シキミ群集<br>カシ群団<br>クマシデ群集 | 暖温帯 |
| | 下部 | 常緑広葉樹林<br>（照葉樹林） | シイ群団<br>タブ群団 | |

区分のはっきりしている地域もある。上部照葉樹林帯が、モミ・ツガの針葉樹林におき替わっていることもある。また、照葉樹林帯と落葉広葉樹林帯との中間につくられるものとしてイヌブナ・クリ・コナラなどにモミ・ツガを交える樹林がある。これは暖かさでは照葉樹林の成立の条件を満たしながらも、冬の寒さがきびしいためやや異質の森林帯として成立するという意見がある（暖帯落葉樹林帯、吉良、一九四九、一九七一）。

山地帯は、ブナ林・ミズナラ林が代表的植生であるが、太平洋側ではブナに代わってウラジロモミがかなり多い地域がある。

亜高山帯の針葉樹林の代表種は、本州ではシラビソ・オオシラビソ・コメツガなど、北海道ではエゾマツ・トドマツ・アカエゾマツなどである。落葉広葉樹のダケカンバも交じり、部分的には優占することもある。東北地方の日本海側の山岳では、針葉樹林をほとんど欠いて、そこにミヤマナラ（ミブナラの変種）の低木林の広がるところもある。亜高山帯の上限は、オオシラビソ・ダケカンバ（ときにはミヤマナラ）などが屈曲した形となり、森林限界をなしている。その上は高山帯のハイマツ低木林に続く。亜高山帯と高山帯の境は、大まかには森林限界であるが、細かく見るとまだその上に高木限界があり、ある程度の幅をもっている。

**◆日本と台湾における高山の垂直分布**

(沼田，1971，一部簡略化及び省略)

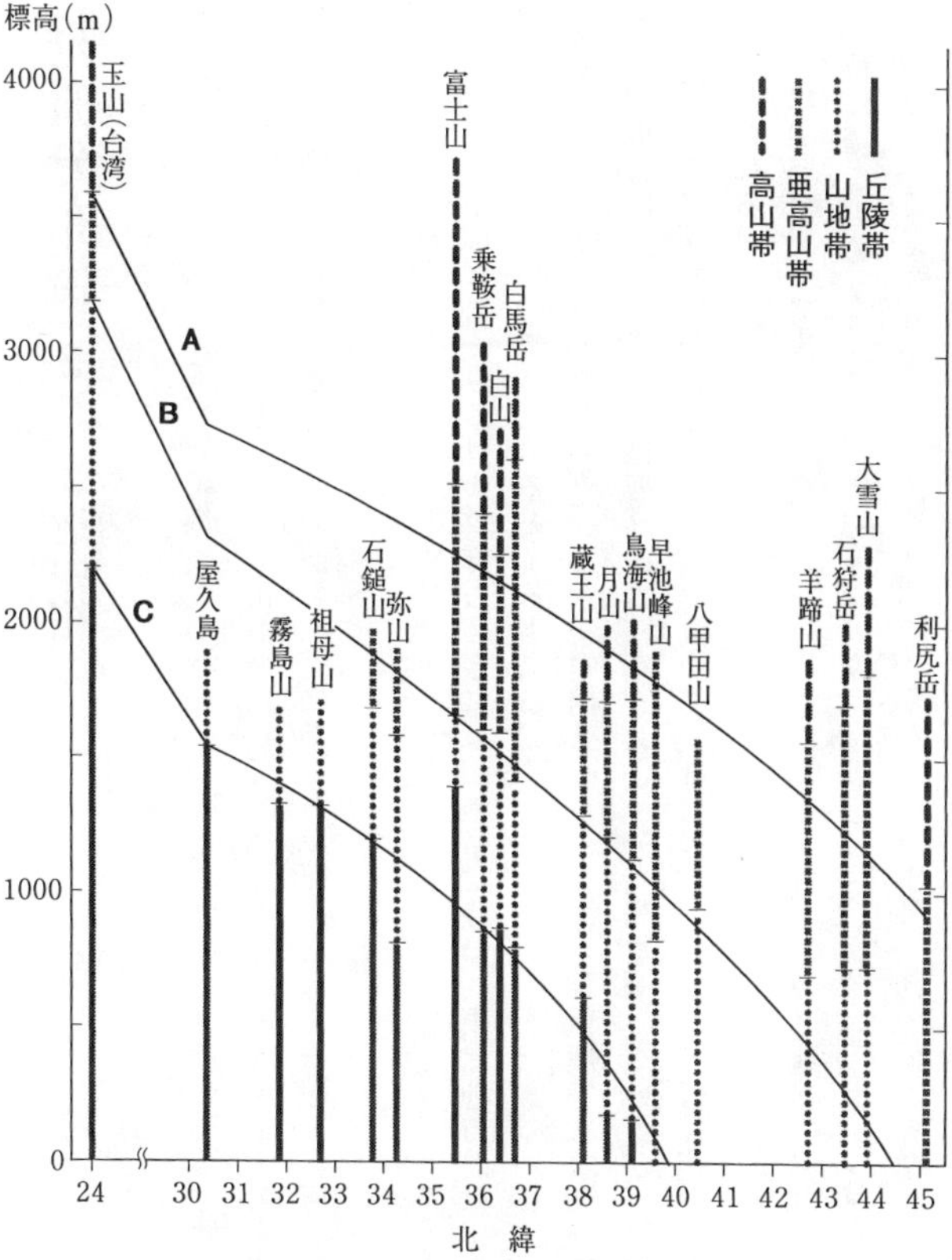


A，B，Cの線は各分布帯の境界を概観的に引いたもの。A→森林限界線，B→亜高山帯と山地帯の境界，C→山地帯と丘陵帯の境界。

## 3 垂直分布帯(2)——途中相

一般に垂直分布帯といえば極相を基準としているが、現実には極相林はいくらも残っていない。造林地に変えられたところも多く、自然林にしても遷移の途中の段階にあるものが目につく。この途中相の林や、さらにその前の段階にあたる草原などは、一般の垂直分布帯とは大きな違いがある。

たとえば、わが国中部ではアカマツ林が平地から山地帯上部(一四〇〇メートル付近)まで広がっている。平地によくみるコナラ林もときには山地帯に及び、東北地方ではブナ林伐採あとにコナラの二次林のできているところもある。

シラカンバ・ダケカンバ・カラマツなども途中相林をつくる重要な種類である。シラカンバはおもに山地帯に、ダケカンバは亜高山帯にとおおよそ分布帯を分けているが、ダケカンバは森林限界まで広範囲に分布している。亜高山帯上部では、ダケカンバは極相林的な性格をもつと考えられる。

カラマツは山地帯ではアカマツと交じり、上は亜高山帯上部にいたる幅広い分布域をもっている。特に富士山のような若い火山では、カラマツはさらに高山帯にまで及んでいる(ヨーロッパアルプスでも、カラマツは他のマツとともに高山帯下部の低木林をつくっているところがある)。

このように途中相でみると温度反応による植生の分化が進まず、分布帯はまだ細分化できない。一つの山がカラマツ帯とアカマツ帯にしか分けられないといった例もでてくる。

遷移の進行にともない優占種は交替するが、後に出現する優占種の方が温度反応の幅が狭くなることが多い。さらに種間の競争も加わって、極相に近づくにつれ細分化した分布帯をもつようになる。つまり先駆種ほど環境変化に幅広い対応性をもっており、極相構成種ではそれが幅の狭いものとなる。この点からみても、極相林は環境破壊作用には弱いといえる。

草原となると、さらに分布帯は分化していない。水平分布の場合もそうであるが、イネ科植物の温度反応からいうと温暖型と冷涼型

**↑ダケカンバ林**　かつて火が入り，その後成立したものと思われる。林床はチシマザサ（1967，岩手県早池峰山，1000m付近）。

に二分されるだけなので（川鍋祐夫、一九五八）、草原の群落型も上下二帯に分けられる程度である。ススキ・トダシバ・シバなどの草原は、平地から山地帯上部に及ぶ。その上はウシノケグサ・イワノガリヤス・コメススキなど寒地性の草原となる。

さらに、遷移初期の群落、たとえば人為による土地の攪乱にともなってできる人里植物（二五八ページ）の群落をみると、いっそう広範囲の生育域をもつものがある。なかでもオオバコ群落は、低地の路傍から亜高山帯上部の登山道にまで広く分布している。

**◆わが国中部における極相林，途中相林，及び草原による垂直分布帯**（いずれも代表的な植物で示す）（沼田，1971）

| 標高(m) | 極相林 | 途中相林 | 草　原 |
|---|---|---|---|
| 2500〜3000 | ハイマツ | カラマツ<br>ダケカンバ | ウシノケグサ，コメススキ，イワノガリヤス，ナガハグサ，ササ |
| 1500〜2500 | シラビソ | | |
| 1000〜1500 | ブナ | シラカンバ | シバ，ススキ，トダシバ，ネズミノオ，アズマネザサ |
| 500〜1000 | カシ | アカマツ<br>コナラ | |
| 0〜500 | シイ | | |

（注）　蘚苔類および地衣類の帯を除く。

↑山地帯の草原に成立したカラマツとシラカンバの林（1966，栃木県奥日光）

# 4 垂直分布の寸づまり現象

本州中部を標準とした垂直分布帯では、低地帯は下から六〇〇〜七〇〇メートルぐらいまで、山地帯は一五〇〇〜一六〇〇メートルぐらいまで、そして亜高山帯は二四〇〇〜二五〇〇メートルぐらいまでとなっている。北へ行けばこれよりも低くなり、南へ行けば高くなるのは当然であるが、それ以外に山の高さ、山体の大きさ、独立峰か連峰かなどの諸条件によっても、分布帯のようすはかなり違ってくる。

北海道の大雪山（北緯四四度、標高二二九〇メートル）は山体が大きく、高山帯は一六〇〇〜一八〇〇メートル以上であるが、羊蹄山（北緯四三度、標高一八九三メートル）は独立峰で、垂直分布帯の推移は急激であり、大雪山より南にありながら森林限界は低い。

北上山地の早池峰山（一九一三メートル）は、フロラ（植物の種類相）的にも特異な要素をもつことで知られているが、垂直分布の上からも興味深い山である。下からミズナラ林・ブナ林・コメツガ林・オオシラビソ林の各分布帯が推移するが、せまい標高差の中にそれらが詰まっている状態である。このような山は分布の観察にはつごうがよいが、しばしば植生帯の交錯しているのに出会う。森林限界付近にはダケカンバが増え、一四〇〇メートル付近がその限界となっている。その上に低木林が広がるが、コメツガ・ハイマツ・キャラボクなどが混生し、樹種のすみ分けがはっきりしていない。亜高山帯上部と高山帯下部が混交している。

このように垂直分布帯の圧縮された状態を**寸づまり現象**と呼んだ（沼田、一九七〇）。

房総半島の丘陵地は標高はやっと三〇〇メートルほどであるが、周囲は関東平野と海で、他の山地からは離れている。一般の垂直分布からいえば、すべて照葉樹林帯の範囲に含まれてしまい、そこには何の変化もないように思われる。しかし注意するとこの狭い標高の中にも、下部照葉樹林帯（シイ–タブ帯）と上部照葉樹林帯（カシ帯・モミ–ツガ帯）とがあることがわかる。しかも尾根の一部には、山地帯上部に多いはずのヒメコマツも生育している。ヒメコマツの下限は一七〇メートルと記録されている。この地域の暖かさの

**↑早池峰山の森林限界線をこえた上部**　コメツガ・ハイマツ・イチイなどが低木状になって混生している（1966）。

指数を算出すると、二〇〇メートルで一二四度、三〇〇メートルで一一八度となり、ヒメコマツの一般の生育領域をはるかに逸脱している。ツガにしてもこれに近いことがいえる。この理由としては、かつては垂直分布帯が現在よりもずっと下降していた寒冷な時代があったと想像され、ヒメコマツやツガはその名残りの植物であると考えられる。この現状も寸づまり現象の著しい例であるが、ここには歴史的な環境も反映しているのである。

なお、この尾根に生育するヒメコマツの根もとには、しばしばヒカゲツツジがあって、両者の結びつきを思わせる。この現象は二〇〇メートルの丘陵地でも、一七〇〇メートルの山地帯上部（山梨県の例）でも共通している。標高の差は大きくても、尾根は尾根、山頂は山頂なりの似た効果を表している。

**↑房総丘陵の尾根（200〜250m）に残存するヒメコマツ**　地表にヒカゲツツジが見られる。周囲の森林が伐採され気息奄々たる状態である（1969，千葉県君津市）。

**↑山地帯上部の尾根にあるよく成長したヒメコマツ**　この根もとにもヒカゲツツジが生育している（1969，山梨県西沢渓谷1500m付近）。

[Note-2001]

右の写真の房総丘陵のヒメコマツは，2001年には大部分が枯死し，種の保存が危ぶまれている。

## 5 照葉樹林帯(1)

照葉樹林を構成するのは、ブナ科のシイ類(スダジイ・コジイ)・カシ類(アラカシ・シラカシ・ツクバネガシ・アカガシ・ウラジロガシなど)、クスノキ科のクスノキ・タブノキ・ヤブニッケイ・シロダモ、ツバキ科のツバキ、マンサク科のイスノキなどである。

照葉樹というのは、葉は厚いがあまり大きくなく、クチクラが発達して光沢があり、常緑であっても冬の寒さに比較的強い。類似の常緑広葉樹でも、地中海地方にある硬葉樹林(オリーブ・コルクガシなど)の葉は、一般に小形で厚く、乾燥気候に対する適応を示している。また、大形の常緑葉で冬の寒さに弱い亜熱帯林や熱帯林のものとも区別される。

照葉樹林は暖温帯の雨量の多い地域に成立し、日本の南半分から中国の中南部を経て、中央ヒマラヤにかけて広がっている。世界的には他にあまり例のない植生であるが、日本はその一つの本場である。植物社会学上からはこの植生帯はヤブツバキクラス域と呼ばれる。

日本における照葉樹林の分布域は、暖かさの指数ではほぼ八五〜一八〇度の範囲にある。海岸地方に多いタブ林は、日本海側・太平洋側ともに八五度の限界まで北上している(青森県南部、岩手県中部にタブ林の北限がある)が、その付近で少し内陸に入ると、八五度以上あっても照葉樹林の分布はほとんど見られない。これは冬の寒さがきいているためで、寒さ

◆スダジイ林の断面模式図
（千葉県洲崎神社社叢）

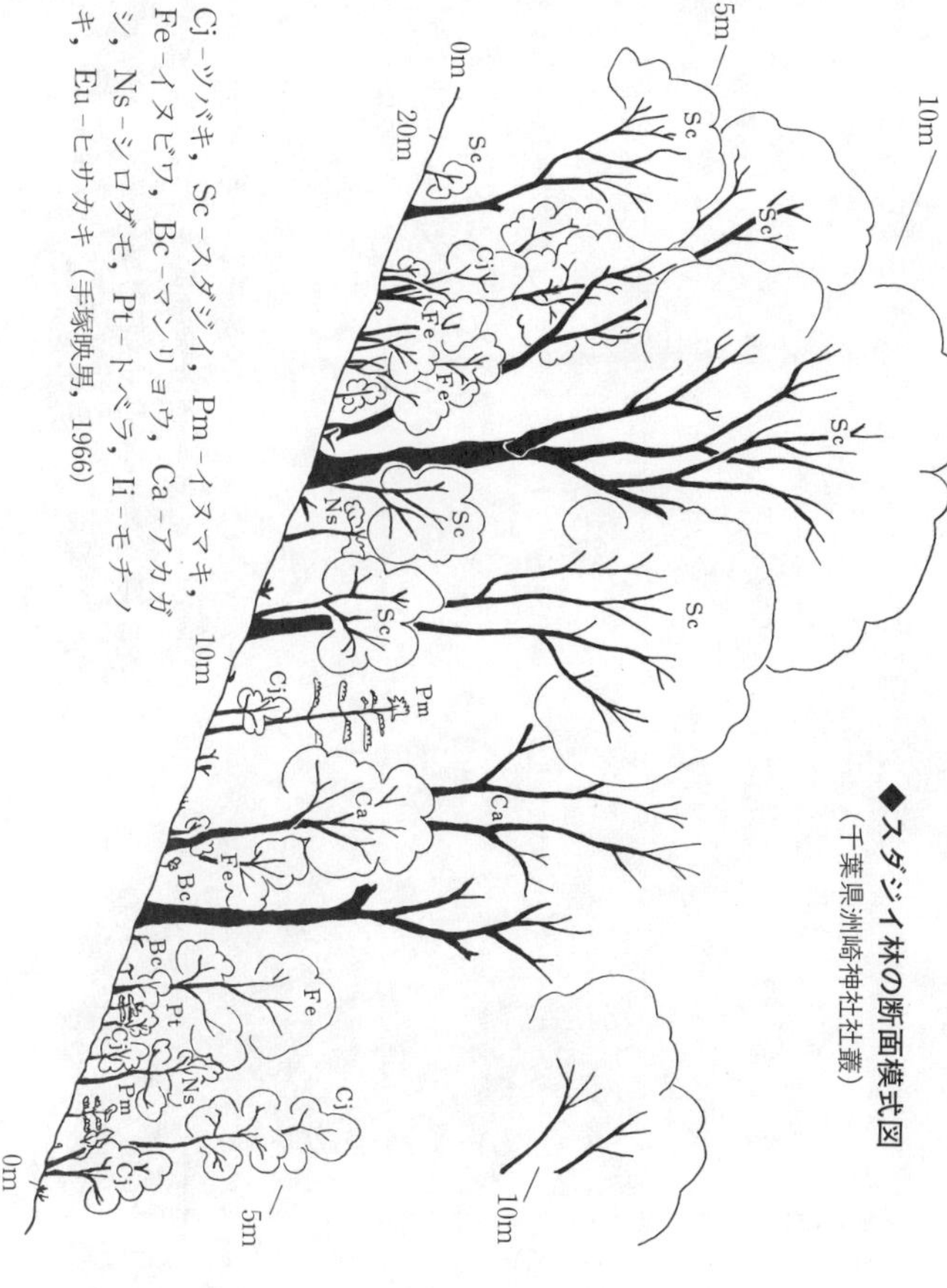


Cj-ツバキ, Sc-スダジイ, Pm-イヌマキ, Fe-イヌビワ, Bc-マンリョウ, Ca-アカガシ, Ns-シロダモ, Pt-トベラ, Ii-モチノキ, Eu-ヒサカキ（手塚映男, 1966）

の指数でマイナス一〇度の線がほぼ限界となっている。関東平野の周辺丘陵地でも、残存する照葉樹林から分布域を復元推定すると、その上限は寒さの指数マイナス一〇〜マイナス一一度付近にある（吉野みどり、一九六八）。

照葉樹林帯は下部帯と上部帯に大別できる。下部帯にはスダジイ・コジイ・タブノキ・ツクバネガシ・アラカシ・イスノキなどがあり、上部帯にはウラジロガシ・アカガシ・モミなどがある。そして上部帯の上縁にはツガが多く出現し落葉広葉樹林と交じる。概略すれば、下からシイ帯-カシ帯（モミ帯-ツガ帯）となる。

このような成層のはっきり見られるのは、気候要因に恵まれ、しかも標高差の大きい山である。九州の祖母山（大分・宮崎県）では

**↑関東平野で台地の縁に残されている神社林**　スダジイやアカガシが優占し，少数のムクノキやケヤキなどを交える。全体としては照葉樹林の相観を示している（1984，千葉県沼南町）。

七五〇メートルまでがカシ帯、一二〇〇メートルまでがツガ帯、その上がブナ帯となっている。ここではブナ帯の下限は、寒さの指数でおよそマイナス一〇度となっており、これは一般にはカシ帯の上限に相当する値であるが、カシ帯はツガ帯のため下に押し下げられてマイナス二・五度を上限としている。鹿児島県大隅半島の高隈山では、下からイスノキ林-アカガシ林・モミ林・ツガ林・ブナ林と推移するが、モミ林のある一〇〇〇メートル付近までが照葉樹林帯と考えられている（福島司、一九七〇）。東海地方では海岸寄り平野部ではスダジイやタブ林、内陸丘陵地にコジイ林、四〇〇メートルを越すとカシ林となり、カシ帯上部にモミ-ツガ林が現れ、八〇〇メートル付近からミズナラ-ブナ林へと連なる。

**↑関西地方に見られるコジイ林**　相観はスダジイ林に似ているが，林冠の密度はスダジイ林ほどではない（2001，大阪府堺市）。

# 6 照葉樹林帯(2)

照葉樹林帯は古来人間の多く生活してきたところなので、自然植生はほとんど破壊され、現在、照葉樹林の残存はきわめて少ない。かろうじてその例を求めるなら、神社寺院の境内の林、丘陵地の斜面や尾根の一部、あるいは特に保存された場所などがある。このなかには春日山原始林（奈良県）や那智原始林（和歌山県）のように規模の大きいものもあるが、たいていは小面積の断片的なものである。九州の山地に比較的多かった照葉樹林も、伐採が進んで残り少なくなっている。

日本の暖温帯が、現在はいろいろな植生になっていても、潜在的に照葉樹林を成立させ得る条件を備えていることを、このような残存林から知ることができる。また同じ照葉樹林でも、カシ林・シイ林・タブ林など林相の違いから、よりミクロな環境の差をとらえることもできる。現状では断片的な林であってもきわめて貴重なものである。

その地方に極相として照葉樹林が成立するかどうかを知るには、いろいろな観察の方法がある。クヌギ・コナラ林やアカマツ林などの二次林内に、シイ（スダジイ）やカシ類の幼木を見れば、遷移の方向を推測できる。スギやヒノキの造林地の林床に、マンリョウやヒサカキ、ヤブコウジなどが生えていれば、そこの極相は照葉樹林であろうと判断できる。これらは照葉樹との結びつきの強い種である。

愛知県の木曽川・豊川下流の沖積平野の社寺林での調査結果は、遷移の過程を知る上で典型的な例である（倉内一二、一九五三）。地史的にはごく新しいこの地方で、さまざまな成立年代をもつ社寺が多く選ばれた。最も古いものは一二〇〇年前、新しいものは七〇年前であったが、それぞれの境内林の構造が調べられた。その結果、最も古い社寺の林はシイ林、最も新しい社寺の林はクロマツ林であり、その中間にシイ－タブ林、タブ林、クロマツ－タブ林、クロマツ林といった、いろいろな型のあることがわかった。これを時間的に遡れば、クロマツ林からタブ林を経てシイ林に達する過程を組み立てることができる。

海に近い丘陵地では、タブ林とシイ林の成

↑**春日山原始林**　奈良春日大社の社叢として保存されてきた約100haの照葉樹林。コジイ・ウラジロガシ・アラカシなどを主とし，スギ・モミなど針葉樹も交じる。厳密には原生林といえないが，都市周辺で極相を示す林としては規模の大きいもの（1974）。

立に微妙な違いがあり、海の影響の強い斜面ではタブ林が極相となる傾向がある。

千葉県のある地方で、海に近いタブノキの神社林が、人工的な防壁によって塩風が抑えられるようになったら、林床からスダジイの幼木の成長が目立って増したことが観察された。これによってシイ林への遷移が一応予想されるが、はたしてスダジイがこのまま高木層に優占するようになるかどうかは即断できない。

内陸部では、伐採あとの二次遷移のコースとして、ススキ草原→アカマツ林→シイ林、ススキ草原→コナラ林→シイ林、などがあげられ、その途中相が各地で観察される。

↓九州南端のイスノキ林（1965，鹿児島県稲尾岳）

**↑アカマツとアラカシ**　高木層のアカマツが衰退すると，低木層にあるアラカシが優占するであろう（1974，伊勢神宮付近）。

**◆豊川下流における社寺の成立年代と林の組成**（倉内，1953，一部省略）

| 階層 | 調査区番号 | 1 | 2 | 3 | 5 | 7 | 11 | 14 | 18 | 19 |
|---|---|---|---|---|---|---|---|---|---|---|
| | 種　＼　成立年代 | 770 | 1188 | 1301 | 1364 | 1467 | 1579 | 1665 | 1821 | 1893 |
| 高木 | カシ類 | | 1 | | | 2 | | | | |
| | スダジイ | 5 | 4 | 2 | 3 | | | | | |
| | タブノキ | | 2 | 4 | | 3 | 4 | | | |
| | クロガネモチ | | 2 | | | | | | | |
| | ヤブニッケイ | | | | | | | | | |
| | クロマツ | | | | | 2 | | 4 | 2 | 5 |
| 亜高木 | タブノキ | | | | | | | 2 | 3 | 1 |
| | ヤブニッケイ | | 1 | | | | 1 | 1 | | |
| | ヒメユズリハ | | 1 | | | | | | 1 | |
| | モチノキ | 1 | 1 | | 1 | | | | | |
| | カクレミノ | | | | 1 | | | 1 | | |
| | ツバキ | | 1 | | 2 | | 1 | | | |
| | サカキ | 1 | 1 | | | 3 | | 1 | | |
| 低木 | カシ類 | 1 | 1 | | | | | | | |
| | スダジイ | 1 | 1 | 1 | | | | | | |
| | タブノキ | 1 | 1 | 1 | | | 1 | 1 | 1 | 1 |
| | ヤブニッケイ | 1 | | | 1 | | | | | 1 |
| | ヒメユズリハ | | | | 1 | 1 | | | | |
| | カクレミノ | 1 | 1 | | | 1 | | 1 | | |
| | ツバキ | | 1 | 1 | 1 | | 1 | | | |
| | サカキ | 1 | | | | 1 | 1 | | | |
| | ネズミモチ | | 1 | 1 | 1 | | | | | |
| | イヌビワ | | | 1 | | 1 | | 1 | | |
| | ムクノキ | | | | | 1 | 1 | | | 1 |
| | エノキ | | | 1 | | | 1 | | 1 | 1 |
| | アカメガシワ | | | | | | | | | 2 |
| | アオキ | | | | | | | | | |
| | アリドオシ | 2 | 1 | 1 | 1 | 2 | | | | |
| | マンリョウ | | 1 | 1 | 1 | 1 | | | | |
| | ヤブコウジ | 2 | 2 | | 2 | 1 | | 2 | | |
| 草本 | ジャノヒゲ | 1 | 1 | 1 | 2 | 2 | (1) | 3 | 1 | 4 |
| | ヤブラン | | 1 | 1 | | 1 | 2 | | | |
| | ミズヒキ | | | 1 | 1 | | | 1 | | |

両表とも，表中の数字は被度階級を表す（左ページ下段参照）。

**◆木曽川下流における社寺の成立年代と林の組成**（倉内，1953）

| 階層 | 調査区番号 | 21 | 22 | 23 | 24 | 27 | 28 | 30 | 31 | 32 |
|---|---|---|---|---|---|---|---|---|---|---|
| | 種＼成立年代 | 1609 | 1640 | 1650 | 1679 | 1702 | 1704 | 1808 | 1872 | 1880 |
| 高木 | タブノキ | 5 | 2 | 3 | | | | | | |
| | モチノキ | 2 | | | | | | | | |
| | クロマツ | 1 | 5 | 2 | 3 | | 4 | 4 | 5 | 5 |
| 亜高木 | タブノキ | | | | | | | | | |
| | ヤブニッケイ | 2 | | 3 | | | | | | |
| | モチノキ | | 1 | 1 | 1 | | | | | |
| | クロガネモチ | | | | 2 | | | | | |
| | カクレミノ | 1 | 2 | | | | | | | |
| | アカメガシワ | | | 3 | 1 | | | | | |
| | エノキ | | | | | 1 | 3 | | 2 | |
| | ムクノキ | 1 | | | 1 | | | | | |
| 低木 | タブノキ | 1 | | | | 1 | | | | |
| | ヤブニッケイ | 1 | 1 | 1 | 1 | 1 | 1 | | | |
| | カクレミノ | | | | 1 | 1 | | | | |
| | ツバキ | 1 | | 1 | 1 | | | | | |
| | トベラ | 1 | 1 | | 1 | | | 1 | | |
| | ネズミモチ | | 1 | | 1 | | 1 | | | |
| | シロダモ | | | | | 2 | | | | |
| | サカキ | | | | | | | | 2 | |
| | モチノキ | | | | | | | 1 | | |
| | マサキ | | | | | | | 1 | | |
| | マルバシャリンバイ | | | | | | | | | |
| | イヌビワ | 1 | | | 1 | 1 | | | | 4 |
| | ムクノキ | 1 | 1 | | | | 1 | | | 1 |
| | エノキ | | 1 | | 1 | | | | | |
| | アキニレ | | 1 | | | | | | | |
| | アカメガシワ | | 1 | 1 | 1 | | 1 | 1 | | 1 |
| | アオキ | 1 | | | | | | | | |
| | ヤブコウジ | 1 | | 2 | | | | | | |
| 草本 | ジャノヒゲ | 2 | 1 | 1 | 1 | | | | | |
| | オオバジャノヒゲ | | | 1 | | | | | | |
| | ミズヒキ | 1 | | | | | | | | |
| | チヂミザサ | | | | | 1 | | | | |

5：81%以上，4：61～80%，3：41～60%，2：21～40%，1：1～20%

# 7 落葉広葉樹林帯（1）

落葉広葉樹林は、気候帯からは冷温帯、垂直分布からは山地帯の極相として成立する。乾期に落葉する雨緑樹林と区別する意味から、夏緑樹林とも呼ばれる。代表的群落はブナ林で、ほかにミズナラ林が広く分布する。また主に沢あいの地域に、カエデ類・シナノキ・トチノキ・カツラなどの林が発達する。植物社会学上の分類では、ミズナラ－ブナクラス域と称される。

この植生帯は、暖かさの指数からいうとおよそ八五～四五度（～五五度）の範囲にある。本州の中部以南では山地帯を占める林であるが、北へ行くにつれて下降し、東北地方北部から北海道にかけては平地を占めるようになる。北海道では西南部の低地が落葉広葉樹林帯に入るが、しだいに針葉樹林帯の要素が混在してくる。札幌の北方に野幌原始林が保存されているが、ここはミズナラ・ウダイカンバ・カツラ・ハルニレなどの落葉広葉樹と、アオトドマツ・アカエゾマツ・エゾマツなどの針葉樹とが混生し、水平分布上両植生帯の推移帯と見なされる。

山地帯の下限は、上部照葉樹林帯（カシ帯）と連なるが、場所によってはモミ－ツガ帯、あるいはモミ・イヌブナ・クリ・アカシデなどの、いわゆる暖温帯落葉広葉樹林と接してい

**↑藻岩原始林**　札幌市の藻岩山(531m)は樹種に富む冷温帯の名山。おもな樹種はシナノキ・エゾイタヤ・カツラ・ハルニレ・ハリギリ・ミズナラ・キタコブシなど。写真中央はカツラ(1969，桑原義晴)。

**↑東北地方の山地帯のブナ林の相観**（1992，山形県月山）

たりする。東北地方の低地（海岸線を除いて）には、このような植生帯に入るところが多い。たとえば仙台市にある東北大学植物園の保存林もこのような林相をもっている。

ブナ林の分布域は、九州南部の高限山上部を南限とし、北海道南西部（黒松内低地帯）を北限としている。かつて日本の冷温帯は大規模なブナ林におおわれていたと思われるが、古くからの人為作用によってその多くが失われ、近年まで続いた伐採によってその残存はきわめて少なくなっている。

ブナ林は、林床植生との結びつきからいくつかに植生分類されている。太平洋岸型気候帯に分布するブナ－スズタケ群団（ブナ－イヌブナ群集、ブナ－ミヤコザサ群集、ブナ－ツクバネウツギ群集、ブナ－シラキ群集）と、日本海岸型気候帯に分布するブナ－チシマザサ群団（ブナ－アオトドマツ群集＝北海道南西部、ブナ－オオバクロモジ群集、ブナ－クロモジ群集）とに大別される（佐々木好之、一九七三）。たとえば関東地方周辺の山地や、丹沢・伊豆などの山地帯に分布するのは、ブナ－ツクバネウツギ群集である。

太平洋側の山地帯では、しばしばブナ林がウラジロモミ林に置き替わっている。たとえば南アルプスの南面、四国山脈などには、山地帯上部にウラジロモミの純林がある。また奈良県大台ケ原にはブナ・ウラジロモミの混生林が、栃木県の奥日光にはミズナラと混生したウラジロモミや、トウヒ・コメツガなどと混生したウラジロモミなどの例が見られる。

山地帯でも特殊な土壌条件の場所には、針葉樹林が土壌的極相として成立することがある。たとえば高知県の白髪山では、一〇〇〇メートル以上の蛇紋岩地帯にヒノキ林ができている。富士山北麓の青木ケ原（一〇〇〇〜一五〇〇メートル）の溶岩流（八六四年に噴出）上には、ヒノキ・ウラジロモミ・ハリモミ・ツガ・ヒメコマツなどの針葉樹を主とし、ブナ・イヌブナ・ミズナラなどを交えた大樹林が発達している。また山中湖寄りの溶岩流上（鷹丸尾）には、ハリモミの純林も残っている。これらは過去に一部間伐されたとも伝えられるが、おおむね土壌的極相と見なすことができる。

↑**太平洋側のブナ林**　林床はスズタケ(1994，静岡県天城山系)。

↑**発達したミズナラ林**　夏季の林内は暗い。林床はミヤコザサ（1998，奥日光)。

## ◆ブナ林の分布(1)

**ブナ－スズタケ群団の分布領域**
(佐々木, 1973)
(横軸は緯度, 縦軸は高度を示す)

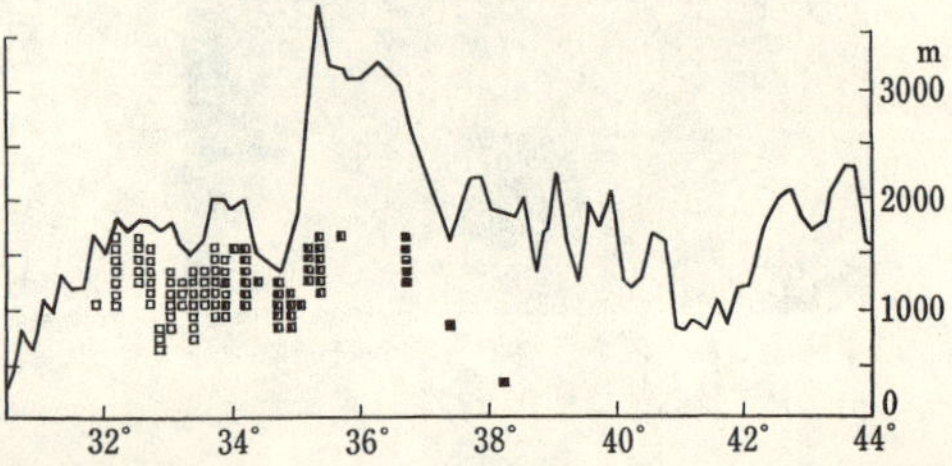

**◆ブナ林の分布(2)**

**ブナ-チシマザサ群団の分布領域**
(佐々木，1973)
(横軸は緯度，縦軸は高度を示す)

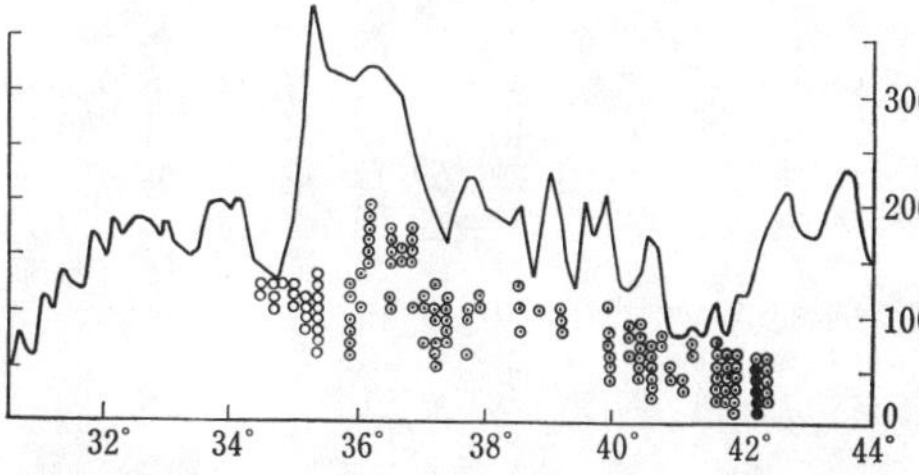

# 8 落葉広葉樹林帯（2）

山地帯で代表的なブナ林とミズナラ林を比べると、一般にブナ林の方が低温の地域にまで広がり、より極相的である。ブナの過熟林が一部崩壊を起こすと、いったんミズナラやシラカンバがそのあとを埋め、その後徐々にブナが回復することが多い。ブナは萌芽力が弱く、また火に対する抵抗力もあまり強くはないため、伐採・火入れなどの人為作用がくり返されるとブナ林は急激に衰退する。そのあとの二次林としてしばしばミズナラ林が成立する。

山地帯の草原が放置されると、かなり早く森林への遷移が見られる。長野県霧ケ峰でも、近年、草刈りの減少にともない草原に樹木の侵入が目立っている。やや湿った草原にミズナラの低木の増えつつあるようすが観察され、ミズナラの陽樹的性質を見ることができる。また奥日光の戦場ケ原付近にもミズナラ林が発達しているが、林の間隙や林縁にはシラカンバの幼木が密生し、シラカンバの方がより陽樹的であることがわかる。一般に、山地帯で先駆的に林をつくるものには、アカマツ・カラマツ・シラカンバなどがある。アカマツは山麓地帯まで、カラマツは亜高山帯上部まで、シラカンバは亜高山帯下部まで、それぞれ広い分布域をもっている。これはブナやミズナラとは異なり、途中相構成種の特徴でもある。低木としては、レンゲツツジ・ヤシオツツジ・ムシカリなどが多く、カラマツ—レンゲツツジ、シラカンバーレンゲツツジ、カラマツームシカリなどの群落は、山地帯の各所に観察できる。これらはミズナラとの混交林を経て、ミズナラ林へと移り変わる。

沢あいの傾斜地は日射量は限られるが水分に恵まれ、トチノキ・サワグルミ・シオジ・カツラ・シナノキなど多くの樹種からなる背の高い森林ができる。林床には常緑性のシダなどの種類が多く、尾根筋と違って沢あいは植物相の上からもおもしろい場所である。

落葉広葉樹林は春の開葉時までは林床が明るいが、葉が出揃うと急に暗くなり、相対照度は数パーセント以下になる。この開葉前の短い期間に地上の主要な栄養・生殖活動をすませるものが林床には多い。ニリンソウ・ヤマエンゴサクなどの早春季植物(春植物)がその例である。五月ごろの林床に一面に開花

**↑ミズナラの侵入**　山地帯の草原の中にミズナラが侵入し，低木林をつくりつつある（1971，長野県霧ケ峰）。

するニリンソウ群落が見られる。積雪地帯の林床にはハイイヌガヤ・ハイイヌツゲ・ヒメアオキなどの常緑性小低木もあるが、これらも高木層の開葉前に活発な栄養活動を営む。

**↑草原の先駆林**　山地帯の草原の中に先駆林が形成されつつある。カラマツ・アカマツ・シラカンバ・ミズナラなど(1972，長野県菅平)。

**↓木曽赤沢国有林のヒノキ天然林**　標高1250mほどの山地帯上部であるが，土壌条件はよくないためヒノキ・サワラなどの針葉樹が多く生える。特に良材であるヒノキは江戸時代から保護育成され，現在ヒノキ天然林として保存されている(1997，長野県上松町)。林の構造としては針葉樹林であるが，亜高山帯のものとは別の例としてあげた。

# 9 常緑針葉樹林帯（1）

針葉樹林にはツガ・モミなどの中間温帯林や山地帯のヒノキ林もあり、また遷移の途中相としてのアカマツ林・クロマツ林あるいはカラマツ林などもあるが、常緑針葉樹林帯というときは、気候帯では亜寒帯、垂直的には亜高山帯に極相として成立する林をいう。

本州の亜高山帯には、オオシラビソ（アオモリトドマツ）・シラビソ（シラベ）・トウヒ・コメツガなどの森林が発達する。このうち東北地方から中部山岳にかけての亜高山帯上部にはオオシラビソが優勢であり、中部から西にかけてはシラビソが優勢となる。四国の石鎚山や剣山の上部一六〇〇～一七〇〇メートル以上には、シコクシラベ（シラビソの変種）林が見られる。九州には亜高山性の針葉樹林は分布しない。東北地方の日本海側では、亜高山帯の針葉樹林の発達が悪く、ミヤマナラ（ミズナラの変種）の低木林からすぐに高山帯のハイマツ低木林へと続く。

水平分布の上からいって、平地にまで降りている亜寒帯の針葉樹林は、北海道の東部に限られている。その大部分はトドマツ林であり、湿原や海岸にはアカエゾマツ林もある。北海道の丘陵地や山地の大部分は、冷温帯系の落葉広葉樹林と亜寒帯系の針葉樹林との混交林で占められる。広葉樹としてはミズナラ・シナノキ・ハルニレ・ウダイカンバ・ハリギリなど、針葉樹としてはエゾマツ・トドマツ・アカエゾマツなどがある。夏には広葉樹の、冬には針葉樹の目立つ相観をつくる。これが山地帯へ上るにつれてしだいに針葉樹の混交率が高くなり、亜高山帯のエゾマツ・トドマツ林へと変わる。そして亜高山帯上部へいくにつれてダケカンバが増えてくる。特に日高山脈の急峻な地形では、ほとんど針葉樹林を抜きにしてダケカンバ林が発達している。

本州においても、シラビソ・オオシラビソなどとダケカンバの混交する林が各地に見られる。一般にダケカンバは亜高山帯における先駆樹種として、雪崩跡、山火事跡、崩壊地などの遷移初期に優占する。またきびしい気候条件に耐え、寿命も長いので、ダケカンバ林が土壌的極相と見なされるところもある。日高山脈での調査によると、ダケカンバの樹齢は一五〇〜三〇〇年に達し、トドマツよりも長いことがわかる（渡辺定元、一九七一）。

針葉樹林帯の範囲は、暖かさの指数でいうとおよそ四五〜一五度に当たる。北海道では五五度あたりのところで冷温帯林が終わり、それ以東が混交林の地帯となる。

積雪と植物の分布の関係を考察した研究がいくつかあるが、針葉樹の樹種と積雪との関係を論じたもの（高橋啓二、一九六〇）によると、次のような傾向が知られる。平均最深積雪量五〇〜一〇〇センチ以上を多雪地域とすると、そこに主に分布するものには、スギ・アスナロ・ヒバ・ネズコ・キャラボクなどがある。これに対してモミ・ツガ・アカマツ・ヒノキ・ウラジロモミ・トウヒ・シラビソ・カラマツなどは多雪地域には分布しない。またオオシラビソ・コメツガは最多雪地域には分布しない。多雪地域分布型の樹種は一般に幼時に下枝が枯れ上がらず、やや下向きに枝を張る形をとるが、少雪地域分布型の樹種はふつうに直立する形であって、積雪に対する生育型の違いを示している。

針葉樹林の成立しているところでも、土壌条件の違いによって樹種間のすみ分けが見られる。たとえば長野県志賀山は古い溶岩流の山であるが、尾根すじの岩石の露出したところにはクロベが、表土のうすいところにはコメツガが、土壌の発達したところにはオオシラビソが、というように、林の優占種が分かれている。これは土壌の発達と森林の遷移との関係と

◆積雪による植物の分布型
(高橋, 1955)

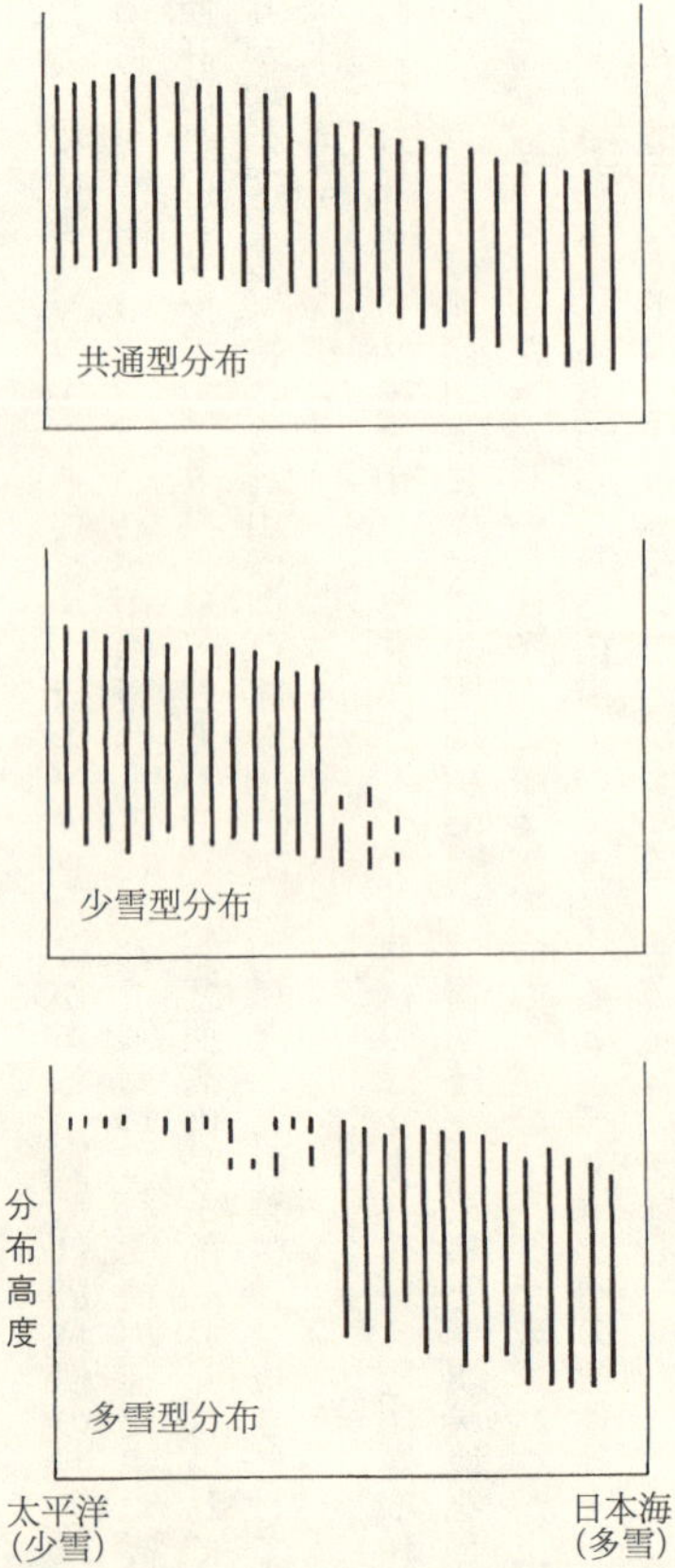

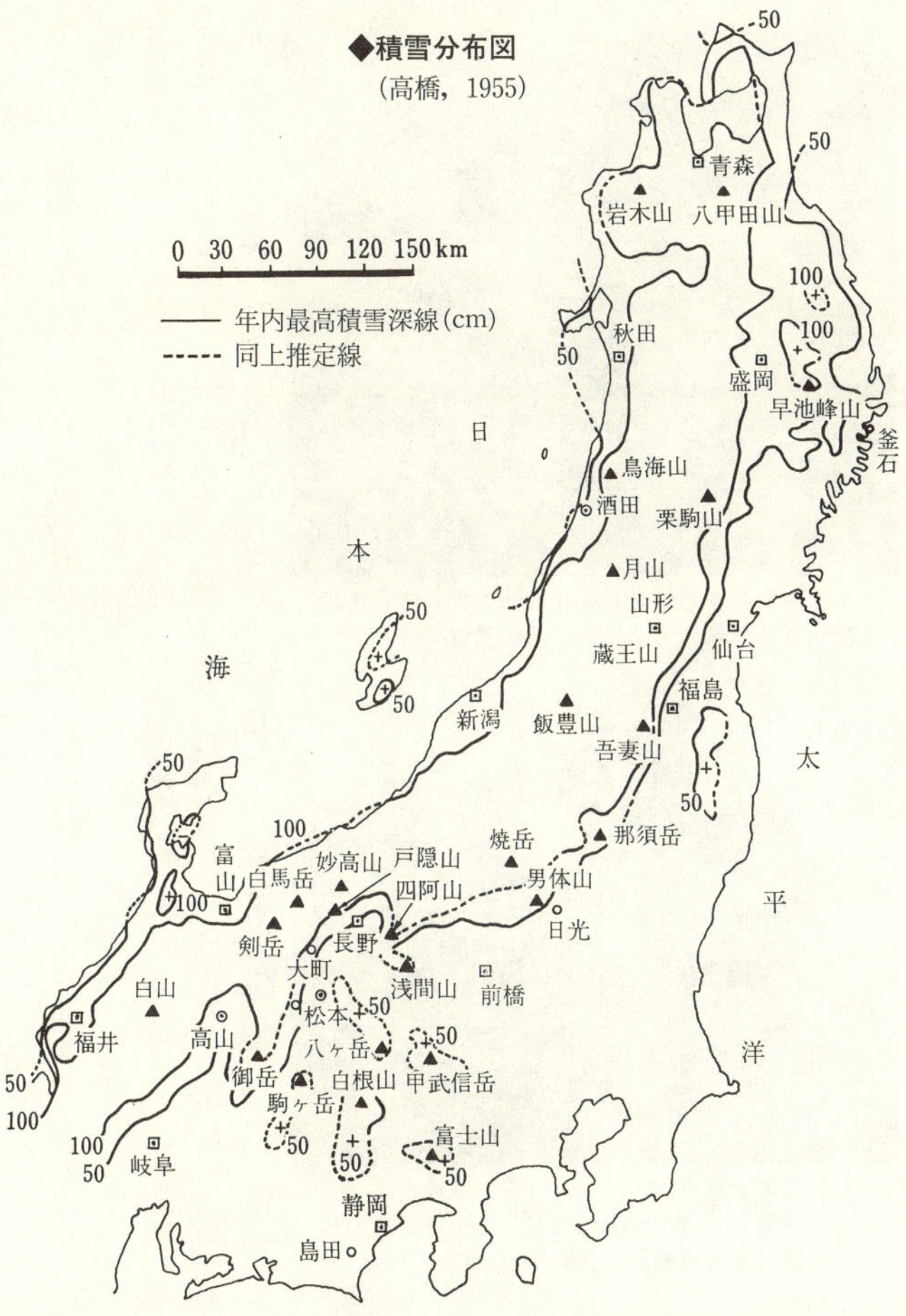
◆積雪分布図
(高橋，1955)
0 30 60 90 120 150 km
年内最高積雪深線(cm)
同上推定線
青森
岩木山
八甲田山
秋田
盛岡
早池峰山
釜石
日
本
海
鳥海山
酒田
栗駒山
月山
山形
蔵王山
仙台
福島
新潟
飯豊山
吾妻山
太
平
洋
那須岳
焼岳
富山
白馬岳
妙高山
戸隠山
四阿山
男体山
日光
剣岳
長野
大町
浅間山
前橋
白山
松本
福井
高山
八ヶ岳
御岳
白根山
甲武信岳
駒ヶ岳
富士山
岐阜
静岡
島田
50
100

が並行した傾向である。コメツガ林の林床には、コメツガの幼木よりオオシラビソの幼木の方が多いのを見るが、これからすぐにコメツガ林からオオシラビソ林への移行を断定することはできない。オオシラビソ林の成立に適した土壌環境が形成されるまでの、長い時間を考えないと判断はむずかしい。北海道ではアカエゾマツが岩石地、砂礫地、湿原など他の樹種の生育困難な土地に進出するが、これもクロベと類似した面をもっている。

**↑ダケカンバと針葉樹の交じった林**　本州の亜高山帯に見られる（1969, 長野県籠登山）。

**↑アカエゾマツ林**　アカエゾマツは最も北海道的な特徴をもった針葉樹。写真は大雪山系の天女ケ原（高層湿原）のアカエゾマツ林（1967, 桑原義晴）。

**↑亜高山帯針葉樹林の内部**　コメツガ・シラビソ林，低木層も同じ種類が優占する（1970，長野県黒斑山）。
**↓針葉樹林内のクロベ**　土壌の薄い尾根上に見られる（1972，長野県志賀山）。

# 10 常緑針葉樹林帯(2)

亜高山帯の極相は常緑針葉樹林であるが、現在われわれが登山コースとして選ぶ周辺には、その林相を見ることは意外と少なくなっている。人工林にと変えられたところが多いし、また天然林崩壊にともなう遷移の途中相林もある。登山路に沿ってある幅を伐採から残す方法をとったところもあるが、狭い幅では林相を維持することは困難である。

亜高山帯の先駆種(パイオニア)の一つにカラマツがある。火山の砂礫地や草原などの乾いた土地に侵入しやすいが、また湿性の草原や河辺の堆積地などにも初期の林をつくるし、その適応の幅が広い。しかし、やがてはコメツガ・シラビソ・オオシラビソなどの優占する林へと交替する。その途中の段階も各地で認められる。天然のカラマツには樹齢の非常に長いものが多く、コメツガやシラビソ林内に交じるカラマツの老木をしばしば見かける。

カラマツの造林地でも、放置しておくとその低木層にコメツガ・シラビソなどが成長するようになり、人工林中に自然林要素が加わってくる。

もう一つのパイオニアはダケカンバである。二次遷移の初期にはダケカンバの幼木におおわれるところが多い。それに交じって、ミヤマハンノキ・ネコシデ・ナナカマドなどの落葉広葉樹がある。長野県の志賀高原の一角(標高約一六〇〇メートル)での観察によると、二十数年前にはジャガイモ畑になっていたところがその後放置され、ネマガリダケの群落を経て現在樹高四～五メートルのダケカンバの密生林となっている。またこの付近の別の場所には、樹高八～九メートルのダケカンバ林の低木層に、コメツガ・シラビソの幼木の生じているのを見るので、遷移系列推定の資料となる。

ダケカンバは典型的な陽樹であるが、樹齢が長く、またその生えている立地条件によってはダケカンバ林が全面的に針葉樹林へと交替するとは限らず、針葉樹と広葉樹の混交林の状態が続く例も多い。混交林は単一樹種の針葉樹林よりはむしろ風害などに強い。針葉樹林に部分的崩壊があると、同じ針葉樹の後継木が成長するよりも早く、ダケカンバやミヤマハンノキ・オガラバナなどが侵入して成長し、針葉樹の回復はその後になる例が多い。森林は部分的に小さい遷移をくり返しながら、全体として極相を維持している。

↑カラマツ造林地の林床に生育しているコメツガの幼木
(1960，長野県八ヶ岳)

亜高山帯の風衝《ふうしょう》斜面では、針葉樹林がいっせいに枯死し、そのあとに後継の幼木が密にのびて森林の更新される例がよく見られる。回復した林は密度が高いうえ、樹の大きさもそろっている。このような画一的な構造は将来再び崩壊しやすいわけで、台風の影響などで部分的に崩壊するとそれが急速に広まっていく。こうして枯死更新がくり返される。

これに似た現象が、山の斜面において帯状に起こることがある。いわゆる縞枯れ現象で、秩父山系などにも見られるが、長野県北八ヶ岳の縞枯山は、名の通りこの現象が顕著である。この山の南西斜面には、白い帯が六本平行して横に走り、白と緑との縞模様をつくっている。白い帯はオオシラビソやシラビソの立ち枯れしている部分である。その帯は幅一〇〜四〇メートルに及び、その下には後

↑**かつて開墾されたあとにできた若いダケカンバ林**　林床はチシマザサ（1972，志賀高原）。

**↑高木層（ダケカンバ・シラカンバ）と低木層（コメツガ・クロベなど）の組み合わせ**　やがては混交林を経て針葉樹林へと変わるであろう（1972，志賀高原）。

継の幼木が成長しつつある。この幼木はすでに生木帯の林床でのび始め、上層が過熟枯死すると、これに代わって成長する。したがって枯木帯の部分もやがて緑の生木帯へと変わっていく。一方生木帯も過熟に達すればやがて枯死帯になる。同じ位置が生と枯の交替をする周期はおよそ一〇〇年といわれる。そして徐々にではあるが、縞は上方へ移動するらしい。つまり斜面全体で規則的に天然更新が行われているが、そもそも縞が生じた原因ははっきりしない。

天然林のいっせい枯死の原因としては、根腐れなどの病害による場合もあり、これが風に対して倒壊しやすくしている。洞爺丸台風(一九五四)のさいの石狩川源流域のエゾマツ・トドマツ林の倒壊は、これが主な原因にあげられている(大政正隆、一九七三)。

◆年数が経つにつれての縞枯れの移動

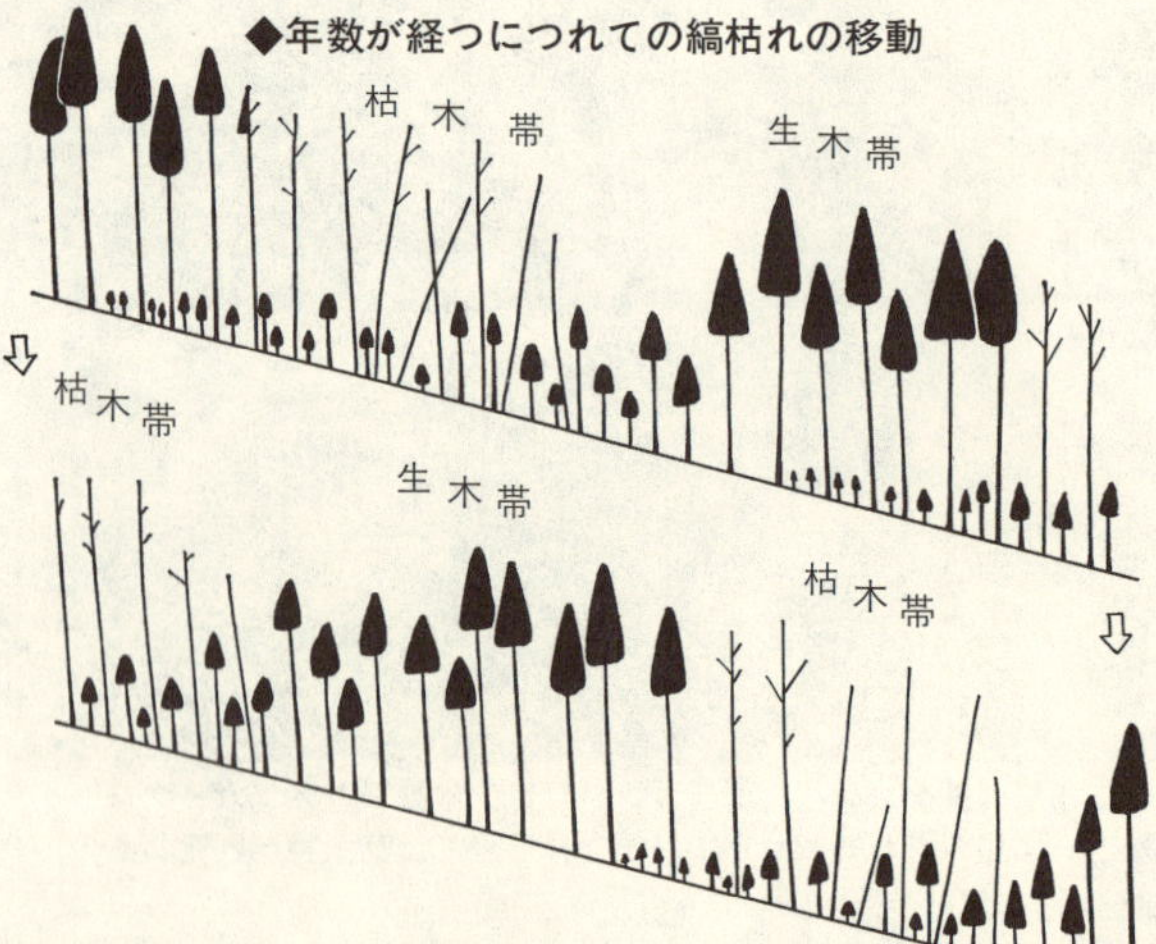

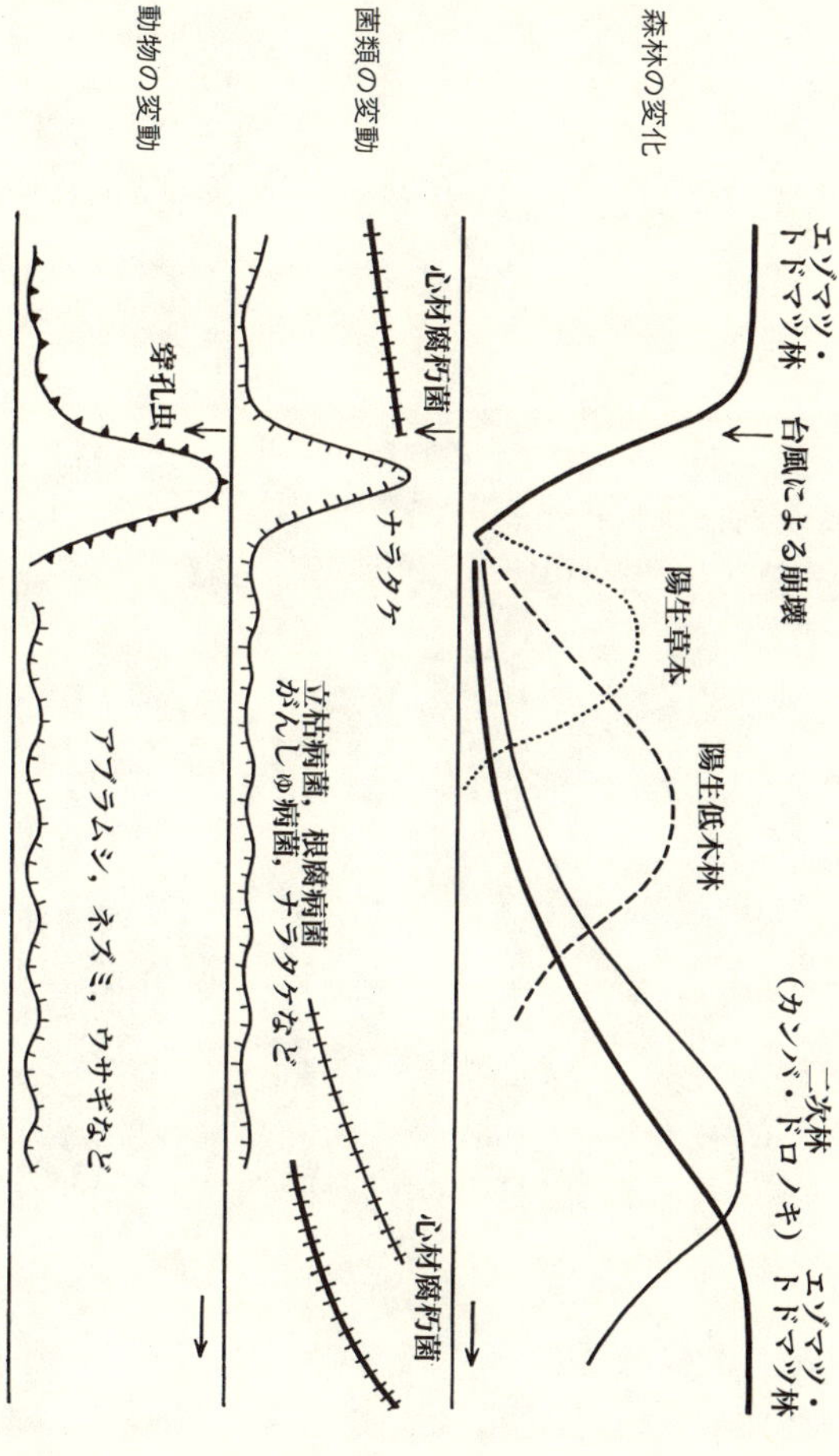


◆石狩川源流域におけるエゾマツ・トドマツ林の遷移と菌類・動物などの変動（今関六也，未発表資料）

**→亜高山帯の斜面に帯状に生じた縞枯れの景観**（1974，長野県縞枯山）

**↓縞枯れの枯木帯の一部**　下には針葉樹の若木が成長しつつある（1974，長野県縞枯山）。

# 11 森林限界・高木限界・樹木限界

亜高山帯の針葉樹林の中を登っていくうちに、やがて高木層がまばらになり、間もなく林外へ出て視界が大きく開ける。疲れの癒されるひとときであるが、ここから上が高山帯で、その周囲はふつうハイマツ低木林となる。

山体を遠望できるところがあれば、ジグザグした森林限界線を知ることができよう。実際に歩いてみれば、線というほどの区切りではなく、ある幅をもった帯というべきであろうが、それまでの森林帯の連続からすればかなり明瞭な境界である。

森林帯のとぎれる付近は、やや樹高が低くなったり、幹が屈曲したりするオオシラビソやダケカンバ（北海道ではエゾマツやダケカンバ）で占められる。それに接した移行帯に低木林があり、ダケカンバ・ミヤマハンノキ・ミネヤナギ・ナナカマドなどが混生する。その間には森林帯にあった高木が点在することもあり、その個体の最高地点をとればそれが高木限界ということになる。また低木林の上にも点在する低木があり、その上限をとれば樹木限界となる。

限界付近の針葉高木は下部の枝が広がって、幹は船のマスト状になり、しかも芽が一方に偏した風衝偏形樹となっている。

森林限界の標高は、北アルプスではおよそ二二〇〇～二五〇〇メートル、八甲田山では一四〇〇～一五〇〇メートル、羊蹄山では一三〇〇メートル付近である。一つの山でも地形や方位によって変化があり、稜線部よりは風衝から守られる谷の方が限界が上昇している。北アルプスでは東面と西面とで大きな差があり、西面の方が一般に低い。これは積雪量とも関係があり、森林限界の低いところでは雪線（万年雪の残る最低の位置）も低い。八甲田山でも、積雪量の多い東斜面で限界線は下降している。

標高がとくに高くなくても独立峰であると、山頂付近は森林が低木化し、ハイマツの生育を見たりするが、これは山頂効果の一つであって真の森林限界とはいえない。

植物の種類数の変化を垂直的に追った資料

↑**森林限界の上部**　低木群落の間に高木が散生し，ほぼ高木限界となっている（1966，岩手県早池峰山）。

（浅野貞夫・田村説三、一九七一）によると、山地帯で多かった種類数が、亜高山帯上部では群落が安定して木本も草本も減少する傾向にあるが、限界付近で変動し、高山性種の出現とともに一時増加する。そして草本の比重が大きくなり、山頂に近づくにつれて全体の種類数は減少する。

生活型組成から垂直的な変化を見ると、半地中植物と地表植物の割合が森林限界で大きく変動する。亜高山帯は半地中植物気候型であるのに対し、高山帯に入ると地表植物気候型になる（沼田、一九七一）。

**◆浅間山における生活型組成の垂直的な変動**（沼田，1971）

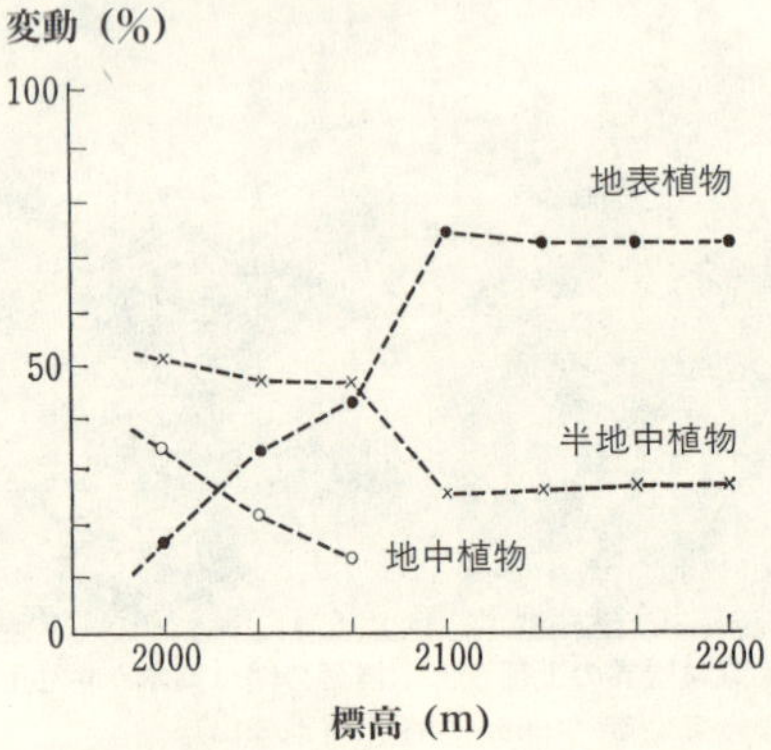

**↑北アルプスの森林限界付近**　標高約2600mまで登ると高木がまばらになってきた（1979，大天井岳付近）。

# 12 高山帯（1）

森林限界線より上の分布帯が高山帯である。気候帯からは寒帯に相当し、暖かさの指数は一五度以下となる。その標高は、南アルプスで二六〇〇メートル前後、北アルプスで二四〇〇～二五〇〇メートルであるが、もちろん北へいくにつれて下降し、北海道の羅臼岳で一一〇〇メートル、利尻岳で一〇〇〇メートルほどになる。しかし高山帯下限の標高と緯度とは必ずしも直線的な関係にはならず、山体の大きさ、山の新旧によっても大きな差がある。

高山帯を代表する植生はハイマツ低木林で、とくに森林限界からしばらくの間はハイマツが多い。上部にいくにつれて、ハイマツに代わって矮小低木群落や草原などが多くなる。その相観によって便宜上、上部高山帯と下部高山帯とに分けることもある。しかし、温度要因からみれば日本の高山帯はすべてハイマツ群落の成立し得る範囲にあって、その他の要因によりハイマツ低木林の発達しないところに他の群落ができていると考えられる。かつて、ハイマツ帯・草本帯・地衣帯という区分のいわれたこともあったが、植生帯としてはこのような細分は不適当である（武田久吉ほか、一九五〇）。

ハイマツ群落に適した条件としては、日射量の十分な安定した斜面で、冬期適度な積雪におおわれて芽の保護されることなどがあげられる。風当たりが非常に強くて雪が吹き飛ばされるようなところや、ガレ場はハイマツに不向きである。乗鞍岳（三〇二六メートル）の上部には、日本有数のハイマツ群落が発達しているが、ここで得られた切株標本についての研究（名取陽ほか、一九六六）によると、年輪からみた平均樹齢は八〇〜一〇〇年で、最高は二一〇年と高齢であった。また年輪の厚さは平均〇・二四一ミリと小さい値を示した。これらの資料を生育地の条件によって検討してみると、積雪量の多いところほど、樹齢も高く年輪の幅も厚い（つまり肥大成長のよい）ことがわかった。

ある程度の積雪量がハイマツ群落にとって重要であることの反面、あまりに多雪な凹地形などで、融雪期の遅いところはかえってハイマツの成長を妨げる。残雪量がハイマツ群落を支配する要因となる。立山平における調

**◆乗鞍岳におけるハイマツの年輪数・年輪厚・直径の，場所による変化および積雪量との関係**（名取陽・松田行雄，1966）

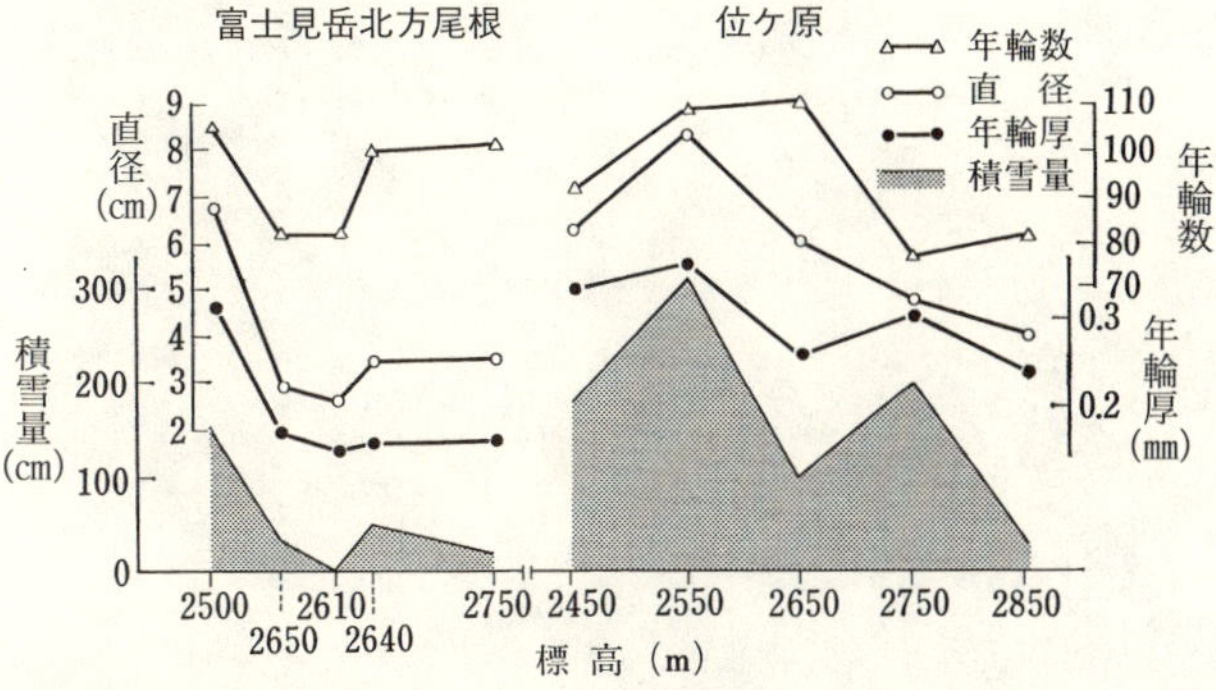

査（鈴木時夫ほか、一九六六）において、冬期積雪量の最大値と群落との関係を示したデータによると、(1)ハイマツ－コケモモ群集で六九～一五五センチ、(2)ウラジロナナカマド－ミネカエデ群集で二〇三～三九〇センチ、(3)ショウジョウスゲ－イワイチョウ群集で六二三～六五七センチとなっている。ハイマツ群落は四月下旬にはすでに雪から現れている。

残雪という条件を抜きにすれば、これら三群集は、(3)→(2)→(1)の順に遷移が進行するであろうが、高山帯におけるきびしい環境要因はそれを妨げ、それぞれの段階のまま持続されている。これが亜高山帯以下の植生との差である。

ハイマツ低木林の林縁近くには、シャクナゲ類・ウラジロナナカマド・ミヤマハンノキ

などの低木も交じっている。ミヤマハンノキは風背側に多く、耐雪性があって積雪量の多いところではまとまった低木林をつくることがあるが、ハイマツの生育地では優占種とはならない。林床には、コケモモ・ガンコウラン・ゴゼンタチバナ・コガネイチゴなどがよく見られるので、ハイマツ―コケモモ群集という名もつけられている。しかしこれらはハイマツ帯における固有種ではなく、亜高山帯にも広く見られるもので、上層との結びつきが変わったのである。日本海側の高山には、チシマザサが高山帯まで上っていて、ハイマツと組み合わさっているところもある。

ハイマツ群落と亜高山帯の針葉樹林とは、低温・風衝・積雪などの要因に対する適応のしかたに差があるが、分布帯の境界線がほぼ一定しているということは、両植生のすみ分

**➜乗鞍岳のハイマツ群落**　乗鞍岳はハイマツ低木林がよく発達している山として知られるが、とくに東側斜面の位ケ原には広大なハイマツ群落が続いている（一九七四、乗鞍岳）。

けの結果であろう。ハイマツは針葉樹林の被覆には弱いが、針葉樹林が何かの原因で発達していないところでは、森林限界よりもずっと下までハイマツの降りているのが見られる。オオシラビソ林の下にハイマツ群落が現れ垂直分布帯が逆転したような印象をもつ。

標高はさほど高くなくとも、独立した峰の山頂部にはハイマツの生育を見ることもある。たとえば、志賀山は二〇〇〇メートルに過ぎないが、山頂北面の風衝地にはオオシラビソ・コメツガ林の欠けた部分があり、そこにチシマザサとハイマツが生育している。さらに標高一八〇〇メートルの湿地の周りの湿原中にもハイマツの古い株が見られる。草津白根山の中腹斜面で、噴火によって森林が破壊されてできたササ原の間にもハイマツが侵入している。これらから見て、ハイマツは寒

**↑月山の森林限界以高の景観**　東北地方の日本海に面した山には，亜高山帯に針葉樹林が発達せず，ブナ林のまま森林限界に達し，月山では限界以高は主にチシマザサの草原が広がる（1964，月山）。

冷期における先駆種として広く進出し、針葉樹林の発達とともに後退し、環境要因が針葉樹林の成立を阻止する高山帯に、極相として位置を占めていると考えられる。

**↑尾根の岩場に成立するハイマツ群落**　しばしばライチョウの姿が見られる（1979，北アルプス大天井岳付近）。

**↑白馬岳の斜面に生育するハイマツ**　斜面には凹凸部が縦に走っている。その凸部にはハイマツが細長くとりついている。凹部には積雪が多く，ハイマツは見られない（1967，白馬岳）。

# 13 高山帯（2）

亜高山帯までを森林気候帯、高山帯を氷河周辺気候帯とする呼び方がある。さらにその上部には氷河気候帯があり、まったくの無植被（植物のない状態）となる。この氷河周辺気候下には、ハイマツ群落・高山草原・荒原・構造土などが分布する。氷河気候帯の標高の幅が十分にあれば、これらの植生は明らかな成帯を示すものと思われるが、日本の山岳では三〇〇〇メートル程度にとどまっているため（富士山は若い火山で標高はあっても同じには考えられない）、本来はどこもハイマツ群落が成立するはずである。しかし気象的あるいは地形的、土壌的な要因によって、必ずしもハイマツにおおわれるとは限らず、植生の空間ができる。そこへほかの植生、たとえば風衝低木林、風衝草原、雪田群落、あるいは荒原などができている。また群落と競合する形で、構造土の分布も一部に見られる。これは山頂効果あるいは一種の寸づまり現象ともいうべきものであろう。

日本アルプスでは、氷河時代に気候的雪線は約三〇〇〇メートルまで下り、地形的雪線は二〇〇〇～二七〇〇メートルぐらいまで下ったと思われる。森林限界はいまの上高地以下に位置し、山地の大部分は氷河周辺気候の状態であったと推定される（小林国夫、一九五五）。その後、気候が温暖化し植生も発達したが、条件によって荒原や裸地、構造土などが残されている。

高山帯の植生を支配する要因として、風当たり、砂礫の移動、積雪などがあげられ、これらがからみ合って種々の群落形態をつくり出している。風衝面と風背面とでは大きな差があり、風背地の雪の吹き溜まるところは、いわゆる雪田群落（八四ページ）をつくる。

風衝地では積雪による庇護が少なく、強風と低温にさらされ、表面が乾燥して砂礫も移動しやすい。反面雪どけが早く、日射量も多くて、短期間における成長には有利である。土地のやや安定しているところや、ハイマツ群落の周辺などには、小形低木を主とした群落ができる。コメバツガザクラ・ミネズオウをはじめ、クロマメノキ・イワウメなどが、ときにカーペット状に広がる。これらの発達したものを、高山風衝ヒース（ハイデ）と呼

**◆高山の気候と植生の関係**（小林，1959，1973より）

| m | | | | |
|---|---|---|---|---|
| | | 氷河 | 氷河気候 | |
| 4000 | 雪　線 | | | 夏の平均気温 0°C〜5°C |
| | （気候的雪線） | 構造土<br>高山草原<br>ハイマツ群落 | 氷河周辺気候 | |
| 2500 | 森林限界 | | | 夏の平均気温＋12°C（年平均約0°C）構造土限界線 |
| 1500 | | 針葉樹林<br>落葉広葉樹林<br>常緑広葉樹林 | 森林気候 | |
| 0 | | | | |

ぶこともある。ハナゴケ・エイランタイなどの地衣類の多いのもこの群落の間である。

尾根や岩峰の周りは、より風が強く砂礫も移動しやすく、小形低木群落は減少し、多年生草本を主としてごく小形の木本を交えた疎生群落がつくられる。これが高山風衝草原で、ミヤマシオガマ・チョウノスケソウ・イワオウギ・オヤマノエンドウ・ミヤマダイコンソウ・ヒゲハリスゲ・ミヤマノガリヤスなど種類は多い。

さらに立地条件のきびしいところは、斜面が崩壊しやすく、礫流を起こしやすい。植物の生育もまばらになりいわゆる高山荒原の地域となる。このような不安定な環境に先駆種となるのがコマクサ・タカネスミレであり、特にコマクサは高山礫地の代表的な花とされている。このほか、ミヤマムラサキ・タカネ

↑**やや湿潤な斜面で発達する高山草原**　シナノキンバイ・ハクサンイチゲなどの群落（1968，北アルプス三ツ岳付近，鈴木由告）。

シオガマ・ウルップソウ・チシマギキョウ・ミヤマタネツケバナ・コバノツメクサ・オヤマソバ・イワスゲ・コメススキなどがあげられる。

以上のような風衝群落のほか、雪どけ水に恵まれたところや、池沼の周りなどには、より高茎の草原が発達する。シナノキンバイ・ミヤマキンポウゲ・チングルマ・イワイチョウ・ウサギギク・グンナイフウロなどで、開花時に最も美しい景観をつくる。

高山のお花畑というのは、これら各種の群落を包含している。土壌の水湿条件から、乾性・中性・湿性の群落に分ける方法もあるが、それらの区別はそれほど明確なものではなく、いろいろと入り交じっているのが実際の状態である。

高山帯の植生は、群落相観の上からは類似

↑**新しい火山砕屑物の急斜面に咲く花**　イワスゲ・コメススキ・イワツメクサなどの団塊状群落（1974，乗鞍岳）。

性が大きいが、フロラ的には山による固有種がいくつかあるので、種の組み合わせによる群集命名の上からは、より細かな単位の設けられることが多い。

**構造土**は氷河周辺気候下における特有の土壌形態である。細かい礫《れき》と粗い礫とが幾何学的な模様をなして並ぶもので、平坦地で目立つのは亀甲《きっこう》のような多角形の環をつくる形である。傾斜地では楕円形となり、さらに急斜面では細かい礫と粗い礫とが平行して並んだ、条線土とか階状土と呼ぶ地形をつくる。構造土の成因としては、凍結と融解とが年周期的にくり返され、砂礫の攪拌《かくはん》作用の行われる結果といわれる。この条件は植生形成の阻止にも働くわけで、一般に構造土には植生の生育はきわめて少なく、わずかにコマクサ・タカネスミレ・ミヤマキンバイなどの先駆種

↑**タカネスミレ**　コマクサとともに不安定な礫斜面に先駆的に生育する（1966，北アルプス赤岳，鈴木由告）。

が、大きい礫の周辺に散生することがある。

凍結と融解の条件が緩めば、植生形成が進行し、また標高がそれほど高くなくても、たまたま植生の欠如する山頂部などには、構造土のみられる例もある（秋田県寒風山、長野県鉢伏山、霧ケ峰など）。このようなところでは、構造土と植生とが競合状態にある。

**↑コマクサ**　(1979，北アルプス大天井岳)

**↓礫地の斜面に広がるコマクサ－タルマイソウ群落**　(1966，岩手県岩手山，鈴木由告)

# 14 雪田の植生

高山帯や亜高山帯上部には、たまった雪が夏を越して秋まで消えずに残るいわゆる万年雪が見られる。この周囲には、夏のかなり遅い時期まで雪の残る範囲があり、両者を含めて**雪田**と呼ぶ。

雪田は、中部以北の日本海側の影響を受ける山岳で、冬の季節風の風背斜面、特に圏谷《けんこく》（カール）状地形のところに多くできる（鈴木時夫、一九五七）。

雪田では、雪の消えたあとのわずかな夏の期間を利用して、限られた植物が成長開花し、その年の地上部の生活を終える。消雪の時期は場所によりまた年によっても差があるので、雪田群落のできかたも一定しないが、雪の消えるにつれて多くの花がつぎつぎに開いていく有り様は、雪田特有の美観である。

雪田群落は、温度要因だけからいえば、低木林または森林の成立し得る地帯にできるものが多いが、長期の積雪という要因によって遷移の進行は止められたままでいる。背の低い多年草がカーペット状に群落をつくったり、あるいは小低木がクッション状の群落をつくったりする。

雪田における土壌の性質や群落の組成などは、積雪期間の長さと関係が深い（石塚和雄、一九四八）。消雪の最も遅れるところではまともな土壌は形成されず、母岩の風化した石礫が露出するだけで、ごく限られたコケ類（たとえばカマシッポゴケ・マルフサゴケなど）が疎生するに過ぎない。その周縁へいくにつれて未熟な土壌が露岩の間を埋め、さらにその外側はしだいに土壌の発達が進む。

初めはどこも雪どけ水が潤すので湿潤であり、特に排水のよくないところでは泥炭の堆積した湿原に似た状態になるが、排水のよいところは腐植を含む壌土ができる。

たとえば青森県八甲田山にある雪田では（石塚、前出）、積雪期間の長い場所の方から、ヒナザクラ群落→ショウジョウスゲ群落→イワノガリヤス・ショウジョウスゲ群落、という配列を示す。または、アオノツガザクラ群落→チングルマ・ショウジョウスゲ群

↑**比較的早く消雪するところにできるコバイケイソウの群落**　花も葉も大きいのでよく目立つ（1960，山形県月山）。

落、という配列の場合もある。それらの外側の積雪期間の短いところには、クロウスゴ・ミヤマホツツジ・ネマガリダケなどの低木群落ができる。泥炭の堆積した湿潤な場所には、ヌマガヤ・イワイチョウなどが群落をつくり、湿原の初期段階に似ている。

**↑イワイチョウの群落** 湿ったところに広がる（1987，会津駒ヶ岳）。

**↑8月に入ってようやく消雪したところ** イワショウブ・アオノツガザクラなどが団塊状に群落をつくる（1974，乗鞍岳）。

◆**八甲田大岳植生図**（石塚，1948）

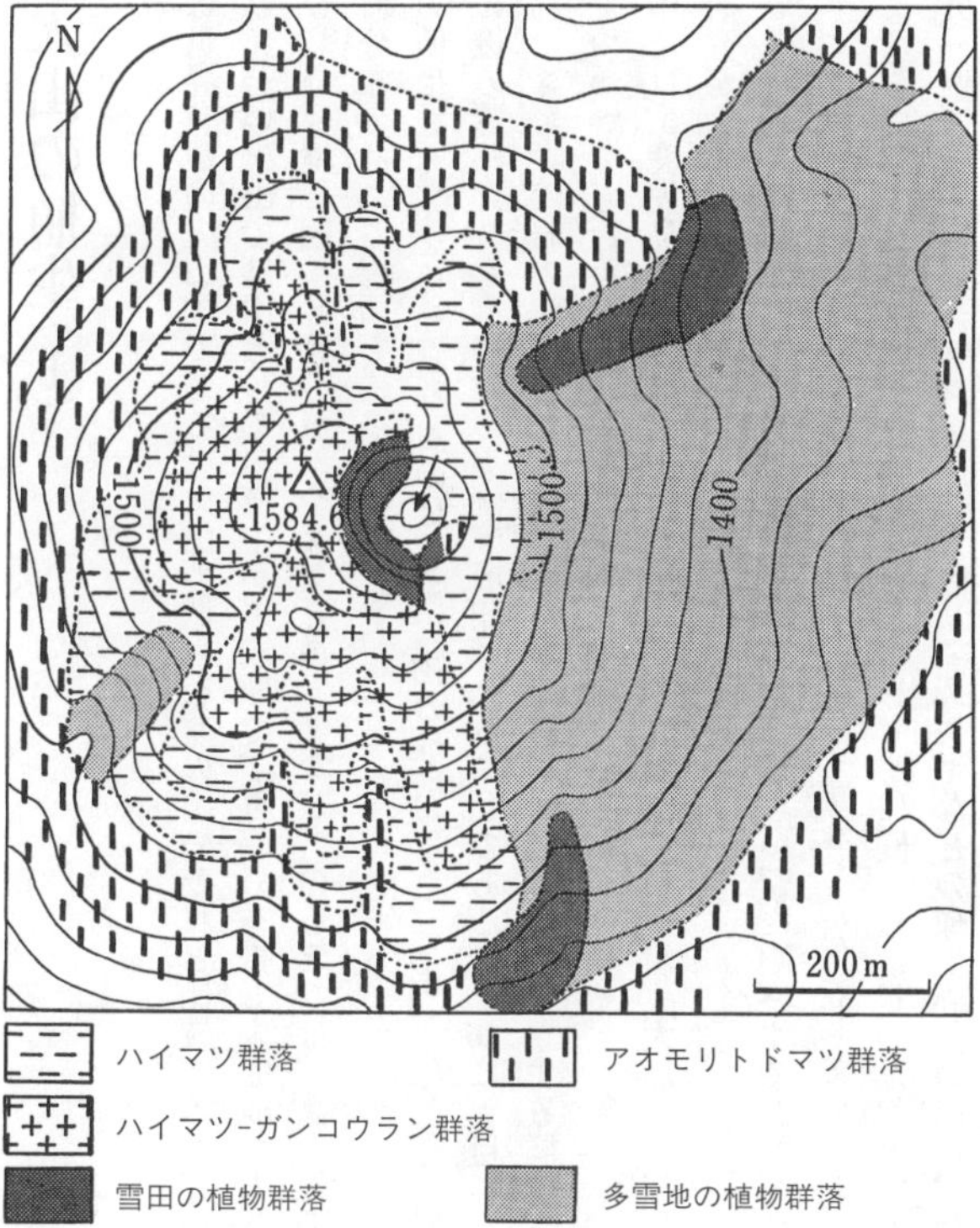

# 15　火山の植生（1）

日本は世界有数の火山国である。火山の植生を非火山のそれと比較すると、いろいろな差異がある。若い火山では山としての植生が未成熟で、垂直分布帯も未完成である。また火山性のきびしい環境要因（砂礫の流下や硫気孔の影響など）のもとでは、高山性の植物が下降して垂直分布の乱れる場所もある。

火山の植生で興味をそそられるのは、噴出物の堆積によってまったく新しい裸地が出現し、その後の遷移（一次遷移）の実例が展開されることである。これに着目した調査が各地で行われてきた。溶岩の流出した年代が明らかであれば、そこに成立する群落を調べ、それらをいくつかつなぎ合わせて、遷移の系列を推測することができる。

その中では、鹿児島県の桜島（田川日出夫、一九六四）や、伊豆大島（手塚泰彦、一九六一）の研究がよい例である。

桜島では、過去四回の大きな溶岩流出があった。新しい順に観察すると、昭和溶岩（一九四六）上には、地衣類のキゴケ類、セン類の Pohlia 類などが付着しているが、まだ一般の植物はまばらで、イタドリ・ヤシャブシなどがわずかに侵入しはじめた程度である。大正溶岩（一九一四）上には、タマシダ・イタドリ・ススキなどの疎生群落のほか、ヤシャブシ低木林が広くでき、その間にクロマツも侵入して一部は五～六メートルの高さになっている。安永溶岩（一七七九）になると、すでにクロマツ高木層が成長し、その低木層にはアラカシ・タブノキなどがある。さらに文明溶岩（一四七六）上には、アラカシ・タブノキなどの照葉樹林が成立している。

これらの観察から、裸地→地衣センン類期→荒原期→低木林期→クロマツ林期→クロマツ・アラカシ林期→アラカシ・タブ林期、という遷移系列が組み立てられる。

溶岩の裸地から完全な極相林に達するのに、一〇〇〇年は必要であろうと推定され、温暖多雨の環境下においてさえ、容易ではないことがわかる。

**↑大正溶岩上にやや群落遷移の進んだところ**　ヤシャブシが多くなり，クロマツも侵入する（1971，桜島）。

◆桜島の溶岩の分布（田川，1964）

$S_A$・$S_K$—昭和溶岩，$T_{1H}$・$T_{1S}$・$T_{2S}$—大正溶岩，$A_F$・$A_S$—安永溶岩，$B_M$・$B_U$—文明溶岩

◆桜島の植生分布（田川，1964）

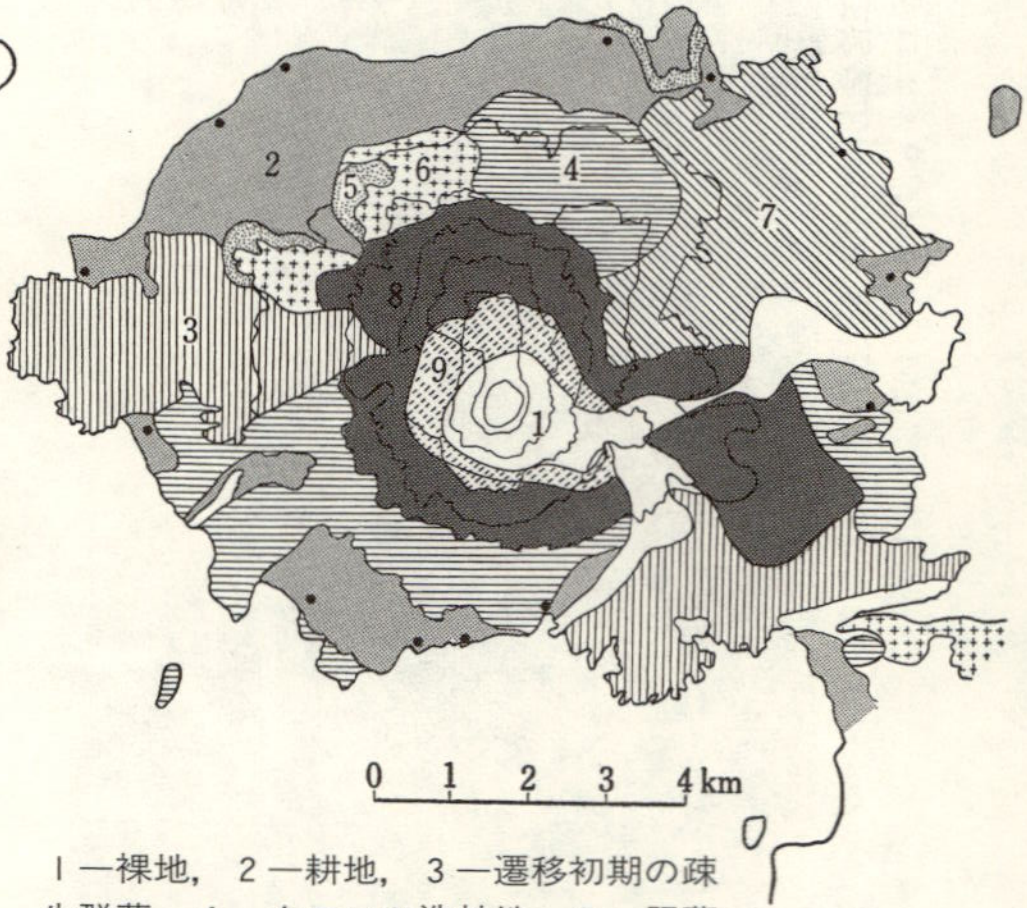


1—裸地，2—耕地，3—遷移初期の疎生群落，4—クロマツ造林地，5—照葉樹林，6—照葉樹林伐採あとの低木林，7—クロマツ伐採あとの低木林，8—ヤシャブシ低木林，9—ススキ草原

**↑溶岩の表面につく地衣類やセン類**　桜島の最も新しい昭和溶岩についたもの（1971，桜島)。

**↓安永溶岩上にできたクロマツ林**　底木層にアラカシ・タブノキが生育する（1971，桜島)。

伊豆大島の三原山でも、昭和溶岩（一九五〇）と安永溶岩（一七七八）が記録されている。群落の遷移は、裸地→荒原（ハチジョウイタドリ・ススキなどが疎生）→低木林（オオバヤシャブシ・ハコネウツギなど）→混交林→照葉樹林（スダジイ・タブノキ・ツバキなど）という系列にまとめられる。

群落の発達とともに、土壌の熟成も進行し、ほとんど表土のない荒原から、四〇センチの厚さの照葉樹林下まで、土壌発達の段階が並べられる。また群落の有機物生産量の増大や、土壌動物群集量の増大などが、群落の遷移と並行していることも明らかにされている。そんな意味からも、火山植生はよいモデルとなる。

**◆伊豆大島の植生の遷移の過程における主な種の交替**（手塚，1961）

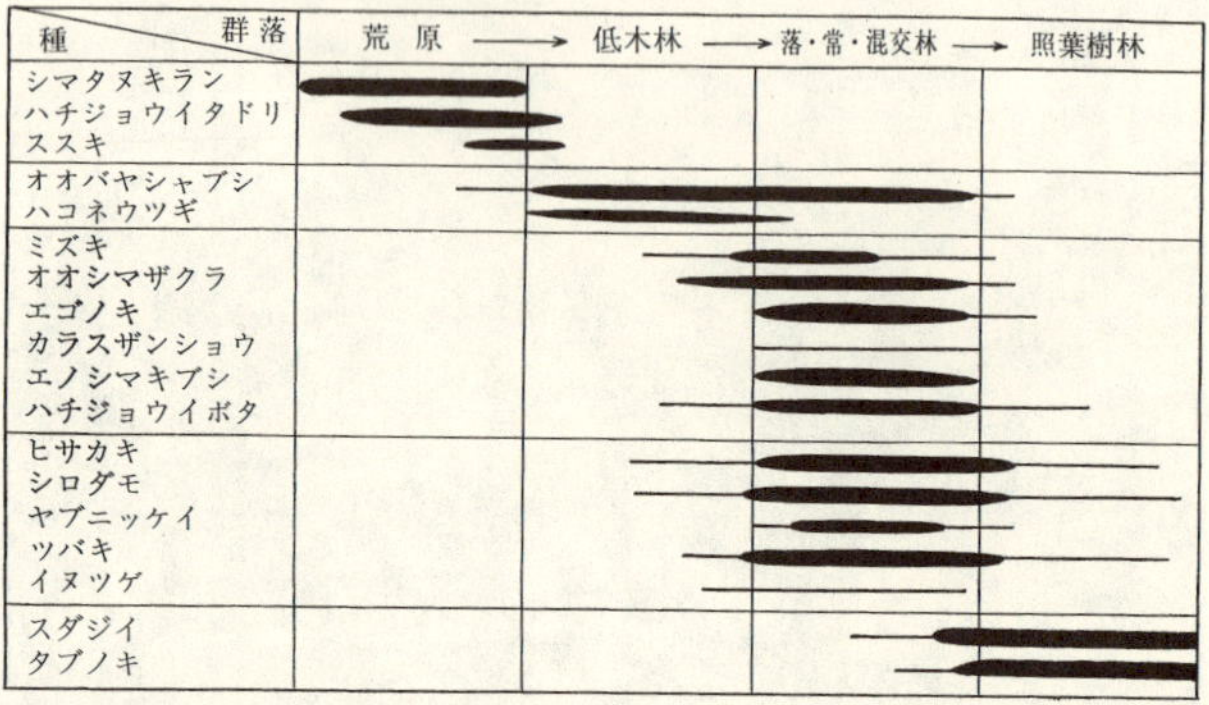

**◆伊豆大島の地形と溶岩分布**

（手塚，1961）

A —外輪山溶岩および
　火山噴出物
B —安永溶岩（1778）
C —昭和溶岩（1950）
D —紀元前の溶岩

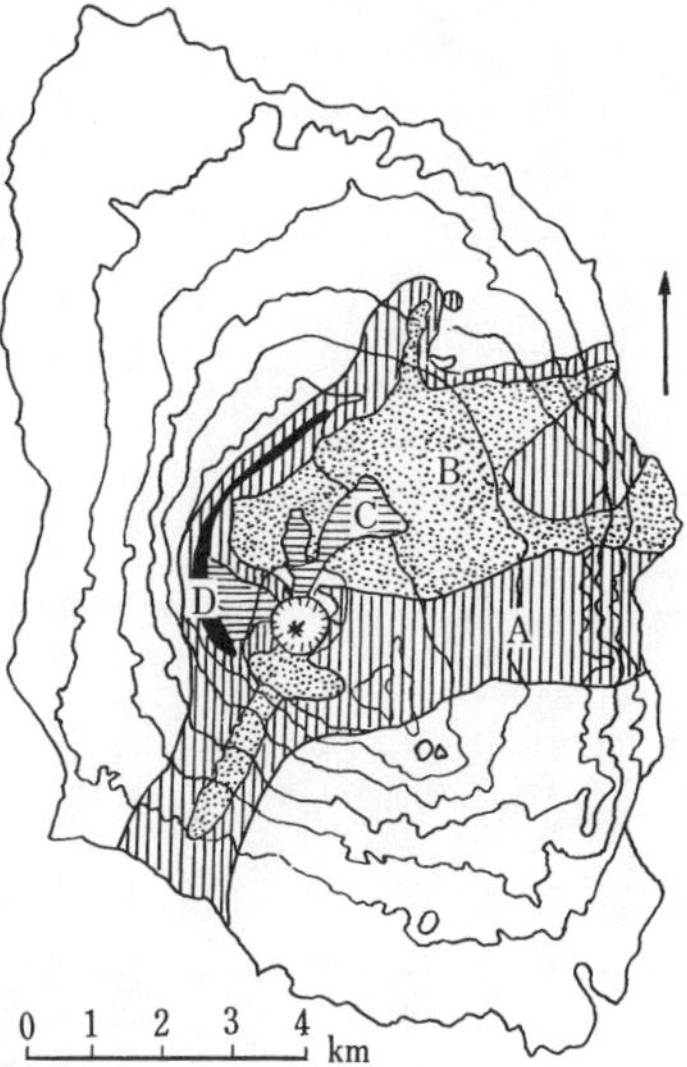


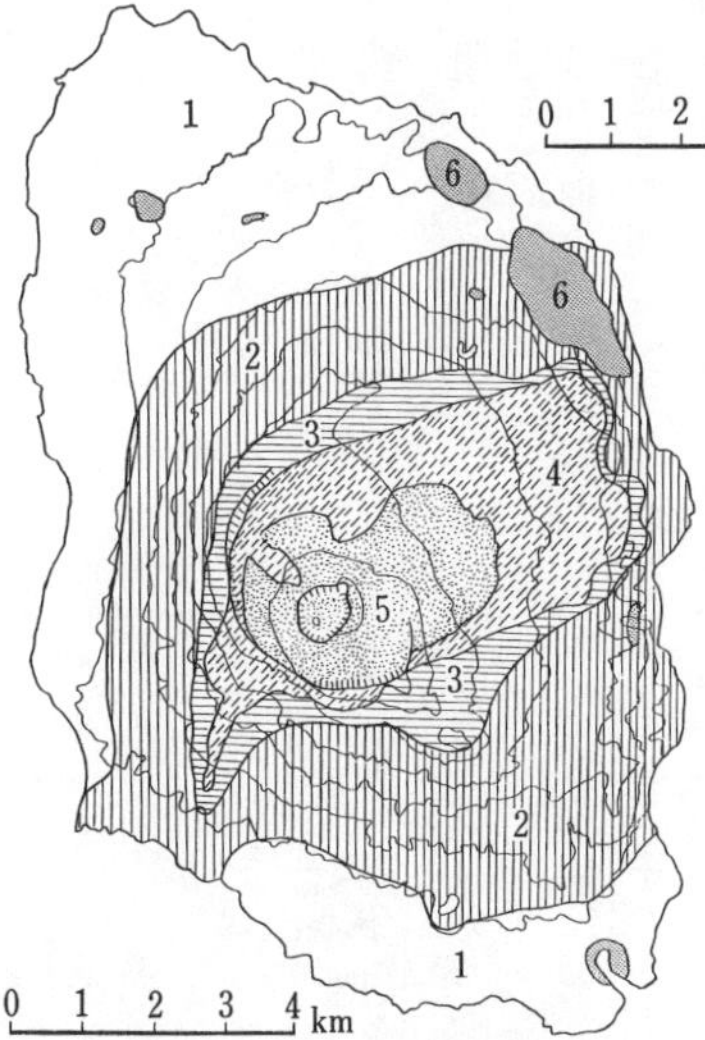


**◆伊豆大島の植生分布**

（手塚，1961）

1 —人工林・耕地など
2 —混交林
3 —低木林
4 —荒原
5 —裸地
6 —照葉樹林

# 16 火山の植生(2)

群馬、長野の県境にある浅間山は、山体の大きい複式火山である。この山全体としては、植生のいろいろな成立過程を見ることができる。一七八三年北東側へ流出した溶岩流は「鬼押出し」と呼ばれているが、二〇〇年近くを経た現在、下部でやっと草本や低木の疎生群落、上部では地衣類やセン類の段階にとどまっていて、前項で述べたような火山に比べて遷移のテンポは遅い。

火口の西方、黒斑山との間には湯の平と呼ばれる旧火口原が広がっている。標高は約二〇〇〇メートル、直径が約一・五キロメートルという範囲には、火山礫の裸地から、オオシラビソ・シラビソの針葉樹林まで、遷移系列のさまざまな段階が集まっている。オンタデやコメススキ・ガンコウランなどの疎生群落、ニッコウザサの群落、カラマツやミヤマハンノキなどの低木群落、それにカラマツ林、カラマツとシラビソの混交した林などが、モザイク状に存在し、群落構造の比較や遷移の推測をする上の好適な場所となっている。ただし、遷移の進行そのものはきわめて遅いものと思われる。

群馬県の白根火山も一八八二年に大爆発を起こし、その影響で東から南の斜面をおおっていた針葉樹林はほとんど破壊された。現在も一部にその残骸をさらしているが、大部分はサ

**↑噴出後195年を経た溶岩流上の群落**　低木が広く侵入している(1978，浅間山鬼押出し)。

**↓さらに23年を経て発達した群落**　カラマツ・アカマツ・コメツガ・キタゴヨウ・ノリウツギなどが成長(2001，浅間山鬼押出し)。

サ原となっている。そこへダケカンバが侵入しているが、まだ低木状に過ぎず、森林回復の方向は遅々として進まぬ状態である。亜高山帯の火山における森林形成の困難さをよく現している。

北海道の駒ケ岳は、一九二九年に大爆発を起こし多量の浮石流が生じた。植生が破壊されたのち、継続的に調査が行われたが、その報告（吉岡邦二、一九六六）によると、四年後には早くもバッコヤナギ・イヌコリヤナギ・シラカンバなどの木本と、ススキ・オオイタドリなどの草本とが現れている。三六年後の調査では、シラカンバ・ドロノキ・カラマツなどの陽樹林ができている。溶岩流における遷移に比べると、植生形成のテンポは非常に早く、むしろ二次遷移的な傾向を示している。

**↑磐梯山のアカマツ林**　1888年に噴火し泥流が川をせき止めて五色沼を作った。ここのアカマツ林は噴出流上にできた一次林といえる。低木層にはミズナラ・イタヤカエデ・ウリハダカエデ・キタゴヨウなどが成長しつつある（2000，福島県磐梯高原）。

### ◆駒ケ岳（北海道）の赤井川浮石流上での主な種の変化

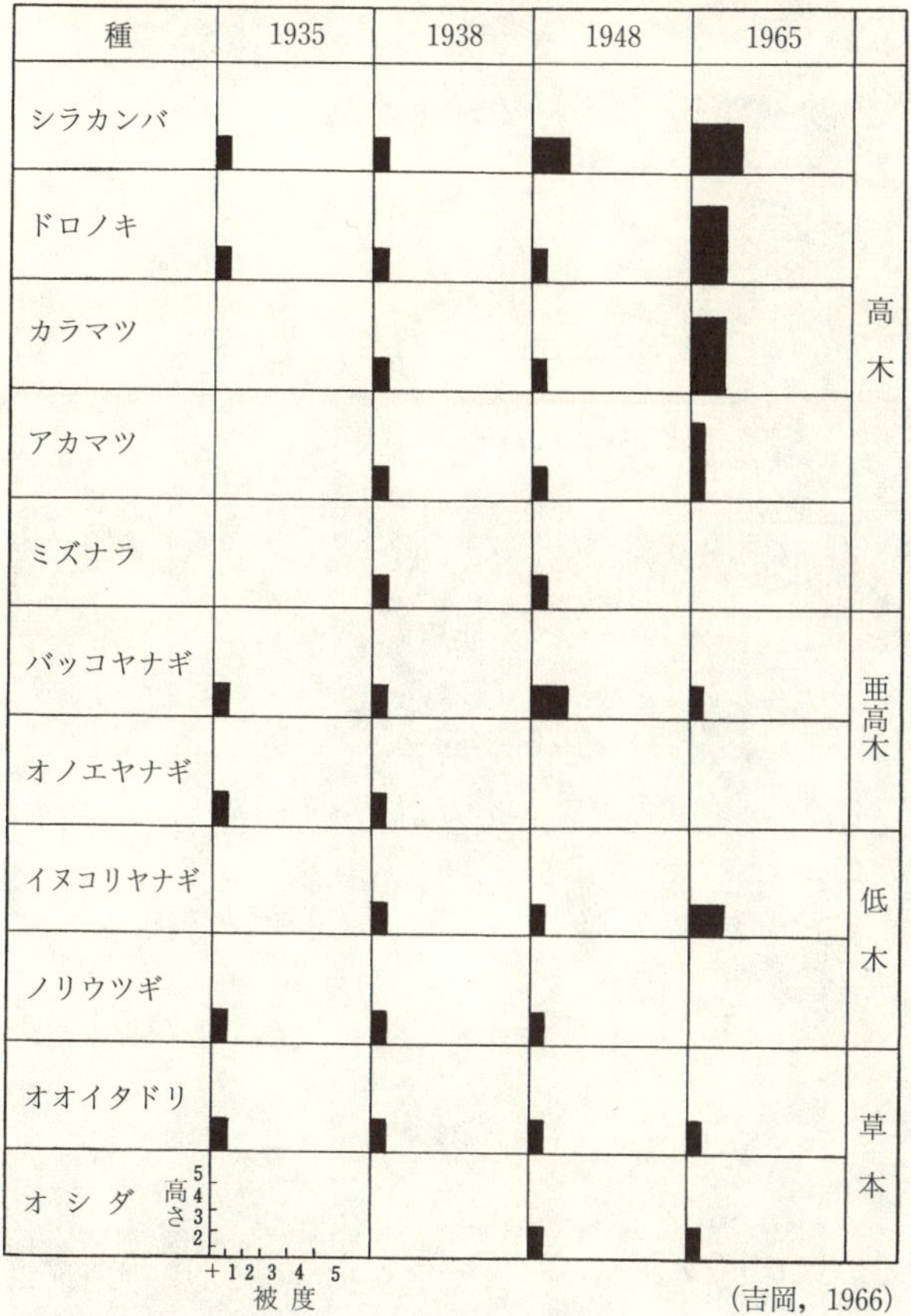


（吉岡，1966）

**被度と高さを表す。**高さは 1 →＜5cm，2 →5〜100cm，3 →100〜200cm，4 →200〜500cm，5 →＞500cm。被度は 5 →75〜100%，4 →50〜75%，3 →25〜50%，2 →10〜25%，1 →1〜10%，+→1%以下。

**↑針葉樹林が破壊されてササ原になったあとにのびだしたダケカンバやナナカマド**　森林回復への道は遠い（1974，群馬県白根山）。

**→噴出したガスのため枯死した針葉樹林**　（1974，群馬県白根山）

［Note-2001］

鬼押出しは全体的に群落の遷移が進んできた。アカマツ・コメツガ・カラマツ・ダケカンバなどが3～4mに成長し，低木や草本も種類が多くなり，被度を増している。

# 17 富士山の植生（1）

富士山は日本を代表する最高峰であるが、植生的には日本の高山の典型を示してはいない。全体的にまだ若い火山であり、しかも独立峰であるため、植生帯の完成が遅れている。高山帯にハイマツ低木林を欠く、お花畑をつくるような高山草原もほとんど形成されていない。富士山の固有種といえるものもほとんどなく、種の分化に至る時間がまだ不足している。

富士山には山頂を目指す数本の登山道と、中腹のおよそ二四〇〇〜二八〇〇メートルの間を一周するお中道とがある。このお中道はほぼ森林限界の付近を上下している。

森林限界の上が高山帯であるが、大部分は

↑高山帯礫地のオンタデ群落　（1970，富士山７合目）

移動しやすい火山砂礫層でおおわれ、低温・乾燥・貧栄養などきびしい諸条件が重なっている。先駆植生としては、カラマツ低木林やオンタデやイタドリの疎生群落がある。

富士の東から南にかけての斜面は宝永火山の爆発（一七〇七）による砂礫の堆積地が広大な面積を占めている。このため植生は発達せず、オンタデ・フジアザミなどの疎生群落が一四〇〇メートル付近まで下降している。

高山帯での植物の生育は、標高三三〇〇メートル付近まで及ぶ。その上部には、イワツメクサ・コタヌキラン・イワスゲ・オンタデなどが疎生する。

それより上は無植被帯になるが、コケ類や地衣類は少数ながら山頂まで生育している。なかでもギンゴケは、低地から山頂まで広範囲の分布域をもっている。山頂の火口壁内

↑**ハイマツ状に低木化したカラマツ**　（1970，富士山７合目，鈴木由告）

は、微気候的に湿潤な環境が保たれ、ここだけで三〇種近くのコケが記録された（高木典雄、一九七一）。

お中道の付近には、上向きの半島状をなすカラマツ低木群落が多くできている。これらは主に溶岩の風化地に根を下ろしたものである。この半島状群落の周縁部にはミネヤナギ・ミヤマハンノキ・ダケカンバなどが、ほふく状に生育している。そして群落の奥の方にはコメツガ・シラビソなどが交じっている。半島の周縁から内部に向かっての群落の変化は亜高山帯における遷移の方向と一致している。やがては高木林へと進行するはずであるが、そのテンポはきわめて遅い。

高山帯では登山道に沿って山小屋が連なっているが、山小屋の周りは人工的に土壌が安定し、水分や有機物に富むので、密な群落が

↑崩壊しやすい砂礫地のフジアザミの群落　（1974，富士山須走口）

できている。高山帯下部では特にイタドリ群落が発達する。上部の小屋の周りには、礫地性の種類がまとまって生育している。山小屋は自然植生攪乱の作用をもつが、その反面、高山荒原において植生を引き上げていく効果を示している。

↑森林限界付近のカラマツの風衝樹形
(1970，富士山御庭付近，鈴木由告)

↑亜高山帯のコメツガ林　低木層にはコメツガ・オオシラビソがある(1969，富士山)。

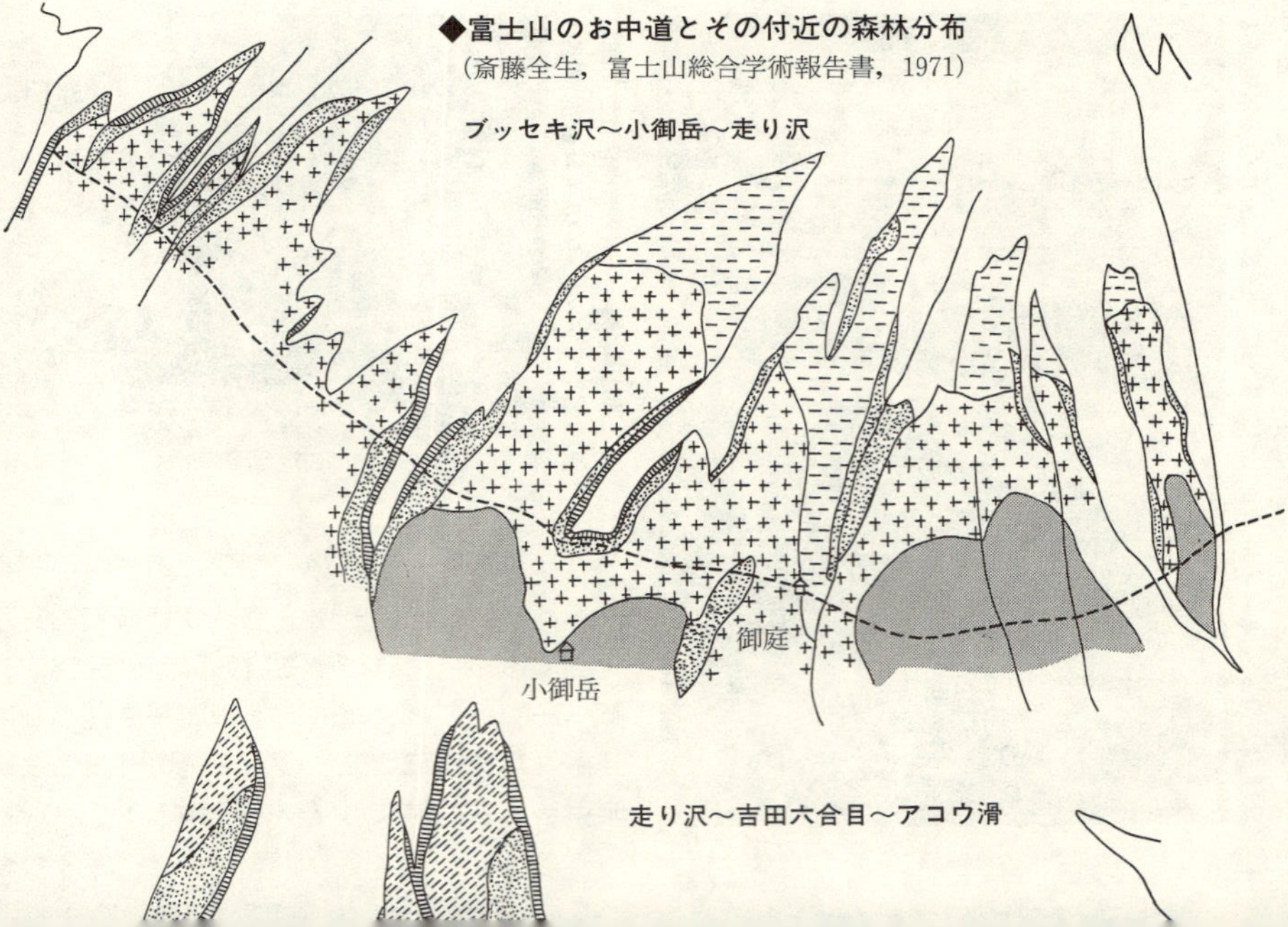


◆富士山のお中道とその付近の森林分布
(斎藤全生，富士山総合学術報告書，1971)

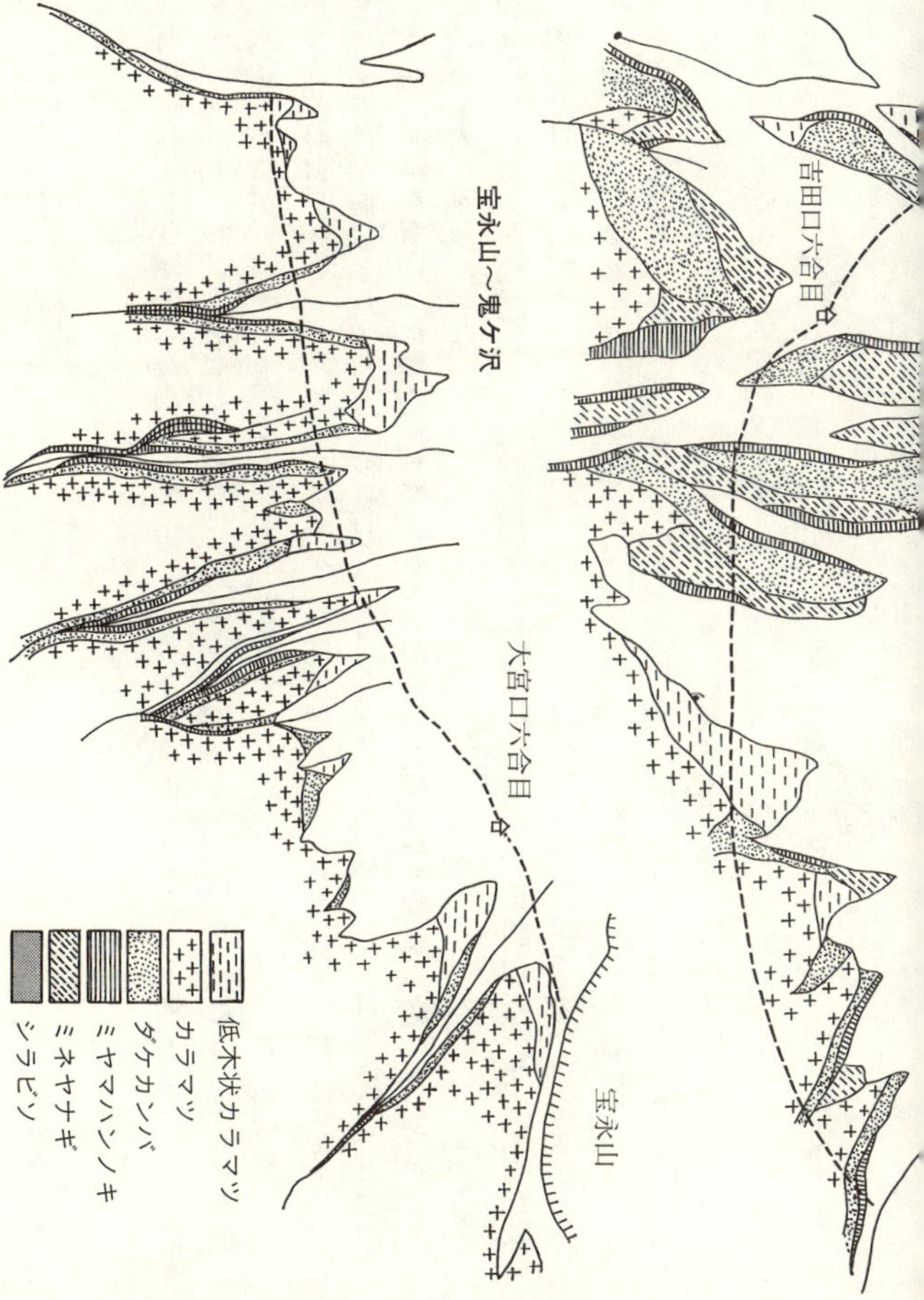
吉田口六合目
宝永山〜鬼ケ沢
大宮口六合目
宝永山
低木状カラマツ
カラマツ
ダケカンバ
ミヤマハンノキ
ミネヤナギ
シラビソ

# 18 富士山の植生(2)

森林限界付近に先駆的に進出する植生には、カラマツ林・ダケカンバ林・ミネヤナギ低木林・ミヤマハンノキ低木林などがある。カラマツやダケカンバは、強風にさらされる斜面では低木状であるが、標高が下がると高木林に移行する。

カラマツ林は尾根の乾燥地に、ダケカンバやミヤマハンノキ林は沢沿いにできやすい。これら先駆群落が形成されてから、シラビソ・コメツガなどが侵入し、針葉樹林へと遷移する。沢から尾根を横切った線上に観察すると、遷移系列に見合う群落の変化をとらえることができる(大沢雅彦、一九七二)。

亜高山帯はおよそ一六〇〇~二四〇〇メートルの間を占め、東斜面の宝永山一帯を除いて、大部分はコメツガ・シラビソ(一部にオオシラビソ)林となっている。崩壊地にはダケカンバ林ができ、また一部はカラマツ造林地となる。この針葉樹林の低木層にはシラビソ・コメツガの幼木があり、林縁に近い方がよく成長する。地表はコケがカーペット状におおう。相観的には亜高山帯の極相を示すが、土壌の形成は未完成で表土は薄い。

山地帯は、北面で約一六〇〇メートル、南面で約一八〇〇メートル以下となる。噴火にともなう溶岩流が各所にあって、植生は局地的に大きく変化する。また、古くからの伐採・造林・採草などの作用があり、近年は観光開発という名の破壊作用が加えられて、自然植生は少なくなっている。南面の富士宮登山道、北西面の精進口登山道の周辺には、比較的よく自然植生が残っている。それから見ると、ブナ林とその上部のウラジロモミ林を経て亜高山帯林へと連なるのが自然植生の分布帯であろうと思われる。山地帯下部の林としてイヌブナ林も残存する。

溶岩流上の植生には、青木ケ原のように冷温帯の針葉樹と広葉樹の混交した森林の発達した地域もあり（四七ページ参照）、また河口湖付近の剣丸尾溶岩流の一帯のようにアカマツ林のままに保たれている地域もある。現在このアカマツ林を観察しても、すぐに次の段階へ遷移するような徴候は見られない。スバルラインはこの中を貫いている。

**↑溶岩流（剣丸尾）上にできたアカマツ林内を貫くスバルライン**
林縁には低木群落（マント群落）ができている（1970，富士山麓）。

富士裾野と呼ばれる山麓一帯には、広大なススキ草原がある。特に西麓（朝霧高原付近）・東北麓（北富士）・東南麓（東富士）などに広い面積がある。富士の草原は古くからくり返されてきた採草、伐採、野焼き、あるいは演習地としての人為作用によって持続されている植生であって、極相的なものではない。したがって放置されているところには、アカマツ・ミズナラ・ミズキ・オオイタヤメイゲツなど多くの樹種の交じった途中相の林ができつつある。

**↓富士山の東側山麓**
東富士と呼ばれ，自衛隊の演習場として使用されている。植生はススキ草原・低木林・アカマツ林・造林地などが交じり，演習にともなう植生攪乱も大きい（1974，東富士，滝ケ原演習場付近から）。

↑山麓の草原地帯　（1974，富士山，梨ケ原）

↓ハリモミ林　（1974，山梨県忍野）

# 19 湿原（1）

湿原の発達しやすい環境要因は、低温過湿である。本州中部では一般に標高一〇〇〇メートル以上のところに分布するが、北へいくにつれて低くなり、北海道では平地にも広く分布する。

湿原の起源はふつう浅い沼である。沼には水生植物が群落をつくるが、周りからの土砂の流入によって沼が埋められるにつれて、湿生の植物が進出する。ミツガシワなどはその初期にさかんに群落をつくるが、やがてはカヤツリグサ科の植物やヨシなどが侵入していく。寒冷のため微生物の作用が弱く、枯れた植物の腐敗分解は不完全のまま堆積する。これによって沼はだんだんに埋められて、やがて湿原にかわる。このようにしてできた平らな湿原を**低層湿原**という。植物遺体の厚い堆積層は、年数がたつと泥炭層化する。

植物の不完全分解の結果、腐植酸が増えて土壌は酸性化する。このため酸性と貧栄養に耐える種類が生育するようになるが、ここで最も重要なのはミズゴケである。ミズゴケは小さく盛り上がった丘状に成長し、湿原上にはいくつもの凹凸ができる。凸部（小丘、ブルト）と、凹部（くぼ地、シュレンケ）とでは、生育するミズゴケの種類も少し違う。凸部と凹部は、成長したり崩壊したりをくり返しながら、湿原全体はしだいに盛り上がっていく。典型的なものは、中央が盛り上がった時計皿を伏せたような形になる。このような段階になった湿原を**高層湿原**という。

高層湿原と低層湿原は、湿原の発達段階による分けかたであって、高いところにある湿原、低いところにある湿原といった区別ではない。ある地域で、低層湿原と高層湿原、それに両者の中間的な湿原の交じるようなところが多い。尾瀬ケ原と八島ケ原（長野県霧ケ峰）にはわが国の代表的な高層湿原がある。このほか中部地方から東北・北海道にかけて多くの湿原があるが、それらは低層湿原か、高層湿原的な要素をもつ湿原がふつうで、規模の大きい高層湿原の例は少ない。

北海道では湿原の占める面積がかなり大きい。大雪山の高根ケ原（海抜一八〇〇メートル）には広い高層湿原があり、ほかには小規

**↑志賀高原四十八池の湿原**　針葉樹林に囲まれ，多くの池塘をもつ。まだ高層湿原には至らない（1972）。

模の高層湿原が各所にある。後志・石狩・根釧・天北などの各地方には広大な低層湿原（泥炭湿原）がある。ヨシ・イワノガリヤス・ヌマガヤ・カサスゲなどを主とした群落が発達し、クマイザサも多く交じっているが、ミズゴケを欠くのがふつうである。

湿原中には、植物の株が集まって小さい盛り上がりをつくり、これが一面に広がっている景観を見ることがある。俗に谷地《やち》坊主《ぼうず》と呼んでいる。湿原は未利用の原野として開発の対象にされやすく、しだいに減少している。

**↑湿原に生育するフサスギナ**　（1967，後志，大谷地湿原，桑原義晴）

↑**八島湿原**　中央部が凸レンズ状に盛り上がり，発達した高層湿原を示している（2001，長野県下諏訪町）。

# 20 湿原（2）

湿原には厚い泥炭層が堆積している。この堆積に要した年数が推定できれば、湿原の歴史がわかり、今後の発達のしかたも推測できる。たとえば八島ケ原では八一〇センチ、尾瀬ケ原では四七五センチの厚さがある。堆積年代の推定には次のような方法がある（堀正一、一九七三）。

(1)出土材に含まれる$^{14}C$（炭素14。炭素12の同位元素）の測定から知る方法。
(2)泥炭層中にはさまった火山灰の層を見つけ、その火山灰の噴出した年代を歴史の記録から調べて、それ以後に堆積した泥炭層の年数を知る方法。
(3)湿原中に残った大きな針葉樹の年輪を調べ、泥炭中にその葉がどれほど深く見出せるかによって堆積年代を推定する方法。

これらの方法を合わせると、泥炭の堆積速度は一年におよそ一ミリと推定できる。つまり現在の湿原ができるまでには、数千年から一万年近くを要する。

泥炭中には過去の花粉も比較的よく保存され、花粉分析によっても、泥炭堆積の歴史や植生の変遷を知る手がかりが得られる。

湿原の群落は、土壌の乾燥、地形の凹凸、遷移の段階などによって、種類組成が違っており、それらが交じり合うので変化に富む。高層湿原の発達したところには、主にホロムイスゲ群落ができる。このうち小丘（凸部）にはホロムイスゲ・ツルコケモモ・ヒメシャクナゲ・イワショウブなど、くぼ地（凹部）にはミカヅキグサ・モウセンゴケ・ナガバモウセンゴケ・ヤチスギランなどが多い。中間的な湿原には主にヌマガヤ群落ができる。ヌマガヤのほかニッコウキスゲ・ワタスゲ・コバイケイソウ・ヒメシダ・ヤチヤナギなど種類が豊富である。低層湿原にはヨシ・ヒラギシスゲ・ヌマガヤ・ナガボノシロワレモコウ・ニッコウキスゲなど、やや乾いたところにはヤマドリゼンマイ群落ができる。

湿原の周辺の低地や流路に沿った泥地などには、ミズバショウ・カキツバタ・ミツガシワなどの群落ができる。ミズバショウは湿原

**↑水路や池の周りに咲くミズバショウの群落**　遠くに拠水林も見える（1963，尾瀬ケ原）。

内には少なく、拠水林（湿原内の川の岸辺にできた林）の周りに生育するのがふつうである。

湿原が乾くにつれて木本が侵入する。イヌツゲ・ウラジロヨウラク・レンゲツツジなどの低木が早い時期に侵入し、さらにはノリウツギ・ズミ・ミネザクラ・ナナカマドなどが増え、やがてはシラカンバ・ダケカンバ・ミズナラ・カラマツ・クロベなどが侵入するようになる。奥日光の戦場ケ原は一九三〇年代までは高層湿原であったが、水位の低下とともに草原化し、ズミの増加と成長が著しく、すでに森林への移行の段階に入っている。

湿原は特殊な環境下にその相観を維持できるものであり、つねに変動しやすい性格をもっている。人為的な環境破壊にあえば、植生維持はきわめて困難となる。

↑高層湿原に見られるナガバモウセンゴケ（1955，尾瀬ケ原）

**↑ミミカキグサやワタスゲの群落**　ワタスゲは白い果穂をつける(1972，志賀高原)。

# 21　低地の湿原

沖積平野の低地は、古くから水田として開発されたが、特に地下水位が高かったり、排水が悪かったりするところは、湿地や池沼のまま残されてきた。そのような湿地は、泥中に酸素不足にともなう腐植の堆積があり、ある程度泥炭化した層の見られることもあるが、寒冷地の湿原ほどの厚みはない。土壌は酸性ないし弱酸性がふつうである。周辺の河川や水田との関係から、年間の水位の変動の大きいところが多い。

このような低湿地は、植物のほか水生昆虫・両生類・鳥類などにとっても好適の環境であるが、埋め立て、干拓など開発の対象となることが多く、自然のままの湿原は減少した。一方、耕作を放棄した水田が各地に生じ、これらが湿原化している。台地の間に樹枝状に入りこんだ谷（谷津、谷戸など）の地域は、周囲の台地から滲出する地下水に潤されて、小規模な湿原が保たれている。

低湿地のうち常時水を湛えているところは、ガマ・マコモ・ウキヤガラ・フトイなどの抽水植物（一三〇ページ参照）群落となっているが、陸化にともない、ヨシ→オギ→ススキといった優占種の移行が見られる。さらに周辺部から、ヤナギ類・ハンノキ・アカマツなどの侵入も起こる。これらはいわば遷移の進んだ湿原の状態である。

湿原において年間の大きな水位の変動のほか、草刈りや火入れ、あるいは表土の攪乱などの人為作用が継続されると、大形の多年生草本の侵入が抑えられ、より小形の湿生植物群落が保たれる。カリマタガヤ・カモノハシ・ノグサ・ヒナノカンザシ・アリノトウグサ・ゴマクサなどが主な種類である。春から夏にかけては、トキソウ・カキラン・サギソウ・ノハナショウブ・コオニユリなどが美しい花をつける。

湿原を特徴づけるものに食虫植物がある。モウセンゴケ・イシモチソウ・ナガバノイシモチソウ・ミミカキグサ・タヌキモなどで、特殊な栄養法を営むグループとして注目される。過湿で酸性の土壌、しかも向陽の場所が、一般に食虫植物の好む環境である。食虫植物は開発や乱獲による減少が著しいが、反

**↑乾燥して陸化した湿原**　湿原から人為作用が除かれると，周辺部からヤナギ類・ハンノキ・アカマツなどの侵入が始まる（1973，千葉県睦沢村）。

対に群落が放置されて遷移が進行し、かえって生育環境が失われることもある。食虫植物群落や小形の湿生植物群落を維持するためには、適度な人為作用による遷移の抑制が必要となる。

↑ナガバノイシモチソウ　絶滅が心配される食虫植物（1973，千葉県成東町）。

↑モウセンゴケとコモウセンゴケ　放射状に開いた葉に粘着性の腺毛があり，これで小さい虫を捕らえる（2000，千葉県長生村）。

**↑成東・東金食虫植物群落**　国指定天然記念物として保全されている湿原（1993，千葉県成東町）。

**↓火入れによる湿原の保護**　群落の遷移を抑えるため毎年冬に火入れが行われる（1992，千葉県成東町）。

# 22 湿地林

地下水位が高く、しばしば水が地表に停滞するような湿地に形成される自然林は、ハンノキ林やヤチダモ林である。ハンノキ林は、垂直的には平地から山地帯上部まで、水平的には本州から北海道まで広く分布する。ヤチダモ林は、主に冷温帯（山地帯）に分布する。

ハンノキは過湿の地に先駆的に出現し、成長が早く、しばしば純林をつくる。萌芽の成長もよいため二次林もつくりやすい。水分条件が変動しない限り、長く林の状態が保たれるので、一種の土壌的極相と見なすこともある。

低地でハンノキ林のできるようなところは、多くは古くから水田地帯にされてきた。また、ハンノキを燃料に利用するために伐採したころもあった。最近では、ハンノキ林の成立しやすい場所が開発の影響を強く受けて消滅しつつある。一方、水田を放棄したあとに新たにハンノキの進出している例もある。河川敷に続く沖積低地に、広くハンノキ林のできているところがある。利根川下流の沿岸では、洪水で冠水した場所で水が引いたあとハンノキがいっせいに芽生えるのが観察された。また湛水湿地では、ハンノキの高木や幼木が並木状に生えていることもある。これらは果実が水の移動によって散布されるのを示している。

関東地方の低地でハンノキ林の構造を見ると、高木層・亜高木層はほとんどハンノキで占

↑低地の湿地に残るハンノキ林　(1972, 東京都八王子市)

められるが、土壌水分の少ないところではエノキ・クヌギなどが混生する。低木層にはイボタ・ノイバラなどがあり、草本層にはカサスゲ・クサヨシなどが優占する。種類組成は地下水位と関係があり、水位の低下にしたがってハンノキからエノキ・クヌギへ、林床はカサスゲからクサヨシへと優占種は入れ替わる（鈴木由告、一九七三）。

長野県菅平のような山地帯の湿原では、オオカサスゲ・オニナルコスゲなどのスゲ類の群落ができ、それが水分条件の違いや人為の加わりかたの違いなどによって、低層湿原になったり湿地林になったりする。湿地林ではハンノキが優占するが、流路に沿った泥の堆積地や、やや乾いたところにはヤチダモが混生する。林縁には、ズミ・カラコギカエデなどの耐湿性の強い木も生育する。

**↑山地帯の湿地に見られる広いハンノキ林**　(1972，長野県菅平湿原)

↑亜高山帯下部の河辺の湿地にできているヤチダモ林　（1974，長野県上高地）

# 23 河辺林

大きな河川の中流部から上流にかけての流路の周りには、河床とか河原とか呼ばれる礫や粗い砂の積った部分がある。平常は広い陸地であるが、時折りの出水時にはしばしば冠水し、また浸食を受けて地形が破壊されやすい。植物の立地としては不安定な場所で、裸地が多いが、川の氾濫《はんらん》の影響が少しでも弱まれば、一部の草本やヤナギ類、ハンノキ林など低木の芽生えが生じて初期の群落をつくる。これもまた破壊されたりするが、流路が変わって安定した場所には低木林や高木林が発達する。河岸沿いのほか、流水に囲まれた中州にもこうした林の成長を見ることがある。

一般に河辺林（河畔林）と呼ばれるこれらの群落は、周辺の植生とも異なった景観をもち、しかも流水の作用との関連からさまざまな遷移段階が見られる。

河川の上流部は山地帯上部から亜高山帯にかかることが多いが、このあたりは急流で谷は狭く、河辺林の発達する余地は少ない。たまたま谷の出合いなどで河床の広くなった付近から、河辺特有の落葉広葉樹林ができていく。

北アルプスの上高地一帯は、梓川の河床が幅数百メートルに及び、わが国でも河辺林の発達のよい地域である。周囲は亜高山帯の針葉樹林であるが、この流域には山地帯上部の植生要素が入り込み、両者が交錯した状態になっている。ここの河床にはケショウヤナギに代表される河辺林が広く見られる。ケショウヤナギは本州では梓川流域だけに産し、あとは北海道日高山脈山麓の渓谷に分布する。河床で砂の堆積した場所に先駆的に進出し、流路に沿った帯状の群落をつくる。幼齢林から高木林まで各種の段階があり、ときにはかなりの老木がとり残されているのを見る。ケショウヤナギのほか、オオバヤナギ・オノエヤナギなど、あるいはカラマツを交えることもある。たとえばある中州にできた高木林は、ケショウヤナギとカラマツからなり、林床はフッキソウ・エゾハンゴンソウ・オオウバユリなどが優占している。河辺林の林床は冠水による破壊を受けやすいので、いろいろな要素が入り込み一定しない。

**↑梓川の谷から河原へ向かって押し出した砂礫上に生育するケショウヤナギ**　周囲にはカラマツ林もある（1974，上高地，徳沢付近）。

上高地付近の河原沿いには、河辺林としてより遷移の進んだ構造のものがいろいろ見られる。ケショウヤナギの老齢林のほか、ヤチダモやハルニレの林がある。これらの間の遷移の系列を推測すると、土壌の乾燥化にともなって、ケショウヤナギ林→ヤチダモ林→ハルニレ林というコースが推定される。また、山の斜面が崩壊して川に向かって砂礫が押し出され、小規模の崖錐状地形が随所にできている。この押し出しの上には先駆林としてヤマハンノキ(タニガワハンノキ)林の成立することが多い。その林床にはウラジロモミの幼木が侵入している。古い押し出し上には、ウラジロモミ林あるいはウラジロモミ・シラビソ林、シラビソ・コメツガ林などがあって、山地帯上部から亜高山帯にかけての各遷移段階の林相がモザイク状に並んでいる。

中部以北や北海道の山間部では、オオバヤナギ・ドロノキ・ヤマハンノキなどが初期の河辺林をつくる。流れの影響が弱まって土壌の安定するにつれて、トチノキ・サワグルミ・シオジ・カツラなどの林へ移行する。この傾向は、亜高山帯から山地帯まで類似している。沢あいには、これら落葉樹の非常に高く成長しているのをしばしば見かける。

流れの緩やかになる中流部では、浸食作用は弱まるが、洪水の際の冠水や泥の堆積の影響が出やすい。時々冠水したりまた減水時には表土の乾燥しやすい河原には、カワラホウコ・アキノキリンソウ・ノコンギク・ツルヨシなどの草本群落ができる。土壌の不安定なことが草原への移行を妨げている。泥の堆積地を中心にネコヤナギ・カワヤナギ・アカメヤナギなどヤナギ類が根を下ろす。ある程度の浸水には耐えるので低木群落をつくり、これがまた草本群落発達の足がかりともなる。

やや後方の多湿の地にはハンノキが成長しやすく、河川敷にはしばしばハンノキ林が見られる。地下水位が低下し土壌がやや乾燥するところにはクヌギ林が成立する。一方、河原にアカマツ林の見られるところもある。これは主に砂礫が堆積して安定した場所である。

**↓ヤマハンノキの先駆林**　押し出された礫土の上にできた林。林床にはウラジロモミの幼木が見られる（1974，上高地，徳沢付近）。

# 24 水生群落

水生群落の生育環境は、陸上以上に著しく悪化している。池沼や小流路などは、干拓・埋め立て・改修工事などによって狭められ、また各地で水の汚濁が見られ、群落に悪影響をもたらしている。

広義の水生植物には、大小各種の藻類も含まれるが、ふつうには水中に生活する維管束植物（種子植物とシダ植物）を指し、それに一部のコケ植物やシャジクモ類を加える。水中の環境要因は陸上のように大きな変動はなく、水生植物はフロラ的にも群落分布的にも地域の差が少ない。

水生植物の生活型は、次のように大別される。

- 根が底土につかない……浮遊植物（ウキクサなど）
- 根が底土につく
  - 体の大部分が空中にある……抽水植物（ヨシ・ガマ）
  - 葉が水面に浮かぶ……浮葉植物（ヒシ・ガガブタ）
  - 体は全部水中にある……沈水植物（クロモ・エビモ）

水生群落のできるのは、水深数メートルよりも浅いところである。この限定された範囲では、水深・底質などの要因のほかに、種間の競争が群落構造を決める大きな要因になっている。

湖沼で岸辺から沖に向かっての成帯の典型的な例として、ヨシ帯→マコモ帯→ヒシ帯→クロモ帯という移行があげられる。これは生活型の違いによるすみ分けであるが、池沼や水路では水位の変動や人為作用による群落攪乱などがあって、明瞭な分布帯を示すところはあまり多くはない。

沈水植物帯においても、種間の競争の結果、垂直的なすみ分けの見られることがある。たとえば富士五湖の一部ではエゾヤナギモの勢力が強く、クロモ・ホザキノフサモはより浅いところに、センニンモ・シャジクモなどはより深いところに優占する（延原肇ほか、一九七一）。

↑**浮葉植物のヒツジグサとジュンサイの群落**　（1988，栃木県喜連川町）

増水によって水位が大きく変動すると、沈水植物の分布も変化する。新たに水没したところに広まるのは、クロモ・ホザキノフサモ・ヒロハノエビモなどで、水中におけるパイオニアといえる。

風波の影響の少ないところでは、浮葉植物がしだいに広がり、水面がおおわれると沈水植物は減少する。

水生群落における遷移は、上記の群落成帯がしだいに沖へ進出する形で進行する。同じ浮葉植物間でも、一年生のオニバスやヒシは初期に出現し、多年生のトチカガミ・ガガブタなどは、その後に勢力を増す傾向がある。

水生の帰化植物が在来種を圧する例がある。都市周辺の池沼においてはカボンバ（ハゴロモモ）の進出が著しい。琵琶湖ではコカナダモの繁殖が目立っており、これは水の汚

**◆水生植物の生活型**
（130ページの分類を図示）

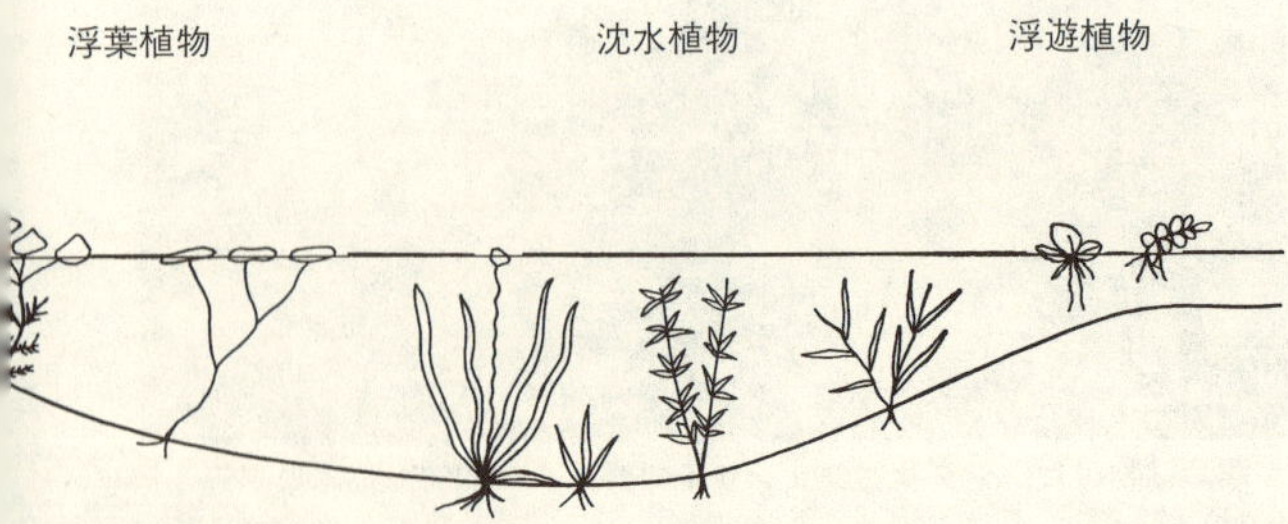

濁の進行と関連があるといわれる。またホテイアオイが短期間に池や水路を埋めつくすのも各地で見かける。

↑オニバス・トチカガミなどの浮葉植物群落
（1971，千葉県印旛沼付近）

[Note-2001]

水生群落の中でも沈水植物は特に水の汚濁に大きな影響を受ける。千葉県の手賀沼や印旛沼では，ここ30年間で沈水植物は消滅した。浮葉植物もオニビシを除くと減少が著しい。しかし，新たに池を掘ったりすると消えた沈水植物が出現することがあり，その潜在力がうかがわれる。

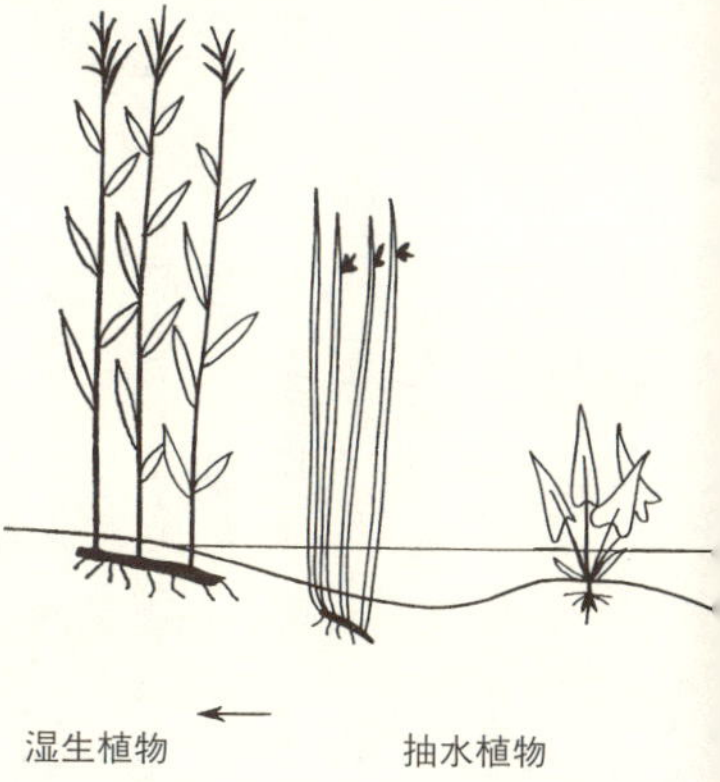

# 25 水辺の群落

池沼の群落が長く放置されれば、浮葉植物の増加を経て、抽水植物の進出が著しくなる。たとえば、初めは岸辺から、マコモ—ハス—ドチカガミ・ヒシという成帯をもっていた池では、数年後にはハスが大量に進出し、それを追ってマコモやガマの増加するのが記録された(倉内、一九六九)。

水位の変動などによって岸辺に新たにできた湿地では、初めはアゼガヤツリ・アゼテンツキ・カワラスガナなど小形の湿生群落ができるが、二、三年のうちには大形の抽水植物群落が進出する。

抽水植物は、栄養体の大部分が空中にあるので、他の水生植物とはかなり性格が違う。このうち、ハス・コウホネなどの広葉型のものは、なおかなり水の環境に密着しているが、ヨシ・マコモ・サンカクイ・フトイ・ガマ・ヒメガマなどイネ科型のものは、水生というよりも湿生の生活に近い。休耕田や干拓地ではしばしばこれらにおおわれる。

イネ科型の抽水植物はいずれも生活型は似ているが、水に対する生態的特性が少しずつずれており、それが水辺の群落の成帯となって現れる。一般に水の浸るところにはヒメガマ、それに連なってマコモが群落をつくる。これらにおおわれない水面には、サンカクイやフトイが生育する。水ぎわから上はヨシ群落となる。河川の縁にあって、出水時に水に浸るような低地を河川敷（高水敷）というが、ヨシの生育範囲の多くはこのような場所である。やや高いところにはオギが現れる。

オギとヨシの移行帯では、地下部の広がりがオギは浅くヨシが深い。地上部は混生していても、地下部のすみ分けが成立している。

オギやヨシの刈り取りや、土地の掘り起しなどがあると、しばしばセイタカアワダチソウの侵入を見る。セイタカアワダチソウはオギと同じく地下茎が浅いところを走り、冬季も根出葉を広げ、しかも土中に他感作用（アレロパシー）物質を分泌することなどもあって、群落拡大の力が強い。

河川敷の群落では、春にヨシやオギが成長する前に、短い生活期間をもつヤブエンゴサ

**↑河原の砂礫地の群落**　カワラホウコが均質に生育して優占し，カワラニガナ・メマツヨイグサ・オオアレチノギクなどが交じる。雪どけ時には冠水することがある（1974，会津若松市，大川）。

ク・ヒキノカサ・エキサイゼリ・チョウジタデなどが成長し、ヨシと季節的にすみ分けている。荒川沿岸の田島ケ原のサクラソウも、かつてはこのような環境にあった。

このようなすみ分けも、セイタカアワダチソウの勢力下ではすっかり姿を消すことになる。河川敷が放置された場合、特に出水による冠水や土砂の堆積などがあれば、本来のヨシやオギが徐々に勢力を回復するものと思われる。その反面、河川敷はゴルフ場や耕作地などに転用されて群落の失われる例も多い。

[Note-2001]

左の写真のサクラソウ群生地は，生育環境の悪化により次第に消滅し，現在は国指定の特別天然記念物「田島ケ原のサクラソウ自生地」の保護域内にのみ生育している。

**↓河川敷の大形草本群落**　白い穂の集まるのはオギ，手前はセイタカアワダチソウの群落（1977，千葉県江戸川下流）。

**↑荒川河川敷の春の群落**　サクラソウの群生地として知られるが，このような群落が保たれるためには，ヨシの刈り取りなど一定の人為作用も必要である（1971，浦和市田島ケ原）。

# 26 塩湿地の植生

河口や入り江で、前面が砂州で囲まれるような地形の砂泥地では、干潮時には陸地となり、満潮時には海水や半かん水（汽水。海水と淡水の中間）に浸される。このようなところにできるのが塩湿地群落である。植物にとってはむしろきびしい環境であり、限られた種類が単純な群落をつくっている。

塩湿地も、埋め立て・干拓・河川改修などで消滅したところが多いので、わずかに残された群落は貴重である。

塩湿地周辺の環境を大別すると三つになる。

A—海水域（つねに冠水している）

B—陸上域の下部（腐泥が多く、満潮時に水に浸る）

C—陸上域の上部（砂質で、一部が水に浸る）

AからCへと塩水濃度に勾配があり、それらに対応して、A—アマモ-カワツルモ群集、B—アッケシソウ群集、C—チシマドジョウツナギ群集が成立する。これは世界的にみた植生分布であるが、日本でも同じような傾向がある。ただし種類組成には地域差がある。

B域にあって、特に高濃度の塩水に適応を示すものを塩生植物という。一般に塩生植物は根系の発達が悪く、茎や葉は多肉化して乾生態と似た形をもつものが多い。北海道ではアッケシソウ・ウミミドリ・ウシオツメクサ・シバナなど、本州以南ではハママツナ・ヒロハマツナ・ハマサジ・シチメンソウ・フクドなどがある。生育環境が特殊なためこれらの分布地は局在している。またアッケシソウが瀬戸内海沿岸（香川県屋島塩田、岡枡塩田など）に、チシマドジョウツナギが北九州にあるような隔離的な分布も知られている。

半かん水に適応性を示すものに、ドロイ・シオクグ・ホソバノハマアカザ・マツナ・アイアシ・ウラギクなどがある。これらは塩湿地以外にも広く生育することがある。またヨシは、淡水から半かん水の地域までその生育範囲が大きい。

北海道の能取湖周辺はアッケシソウの群落

**↑東京湾岸の入り江の塩湿地群落**　水辺からハママツナの数メートル幅の群落，次にホソバノハマアカザの帯状の群落，その後方にナガミノオニシバ群落と続く。かつては東京湾岸で見られた群落だが，埋め立てによりほとんど消滅（1957，千葉県富津市青堀，小滝）。

地として知られるが、ここで塩生植物群落と土壌含塩量を調べた例（伊藤浩司、一九五九）によると、アッケシソウ優占地の含塩量は〇・六〜三・四パーセント、チシマドジョウツナギ〇・五〜一・五パーセント、ウミミドリ〇・一〜一・五パーセントなどとなり、アッケシソウの耐塩性の大きいことを示している。

塩生植物は必ずしも好塩性であるというわけではない。ハママツナについて、発芽実験や現地での発芽時の観察（小滝一夫、一九六二）によっても、むしろ淡水の方が生育のよいことがわかる。しかし土壌の塩分濃度の低下にともない他の種類に置き替えられる。結局、塩分濃度に対する耐性と、他の種類との競争関係とに挟まれながら、塩生植物の生育域が保たれているといえる。

↑アッケシソウ群落に交じるシバナ（1999，北海道ワッカ原生花園）

↑入り江の沿岸のアッケシソウ群落
9月に真っ赤に色づく（1998，北海道能取湖）。

←アッケシソウ（1998，北海道能取湖）

# 27 マングローブ林

マングローブというといかにも熱帯的な響きをもつが、日本でも南西諸島にその分布を見る。北は鹿児島湾の喜入《きいれ》に及び、南下するにつれて発達し、八重山群島で最も大きな規模になる。

マングローブ林の成立する環境は、波の静かな入り江や川の河口に近いあたりの沿岸で、満潮時に塩水に浸り、干潮時に外気にさらされるような泥土上である。満潮時に海水の影響の及ぶ川では、かなり奥地まで生育域が広がっている。

塩生植物と同じように、マングローブの樹種も塩水に浸る環境を最適としているわけではない。実験によると、塩水濃度の低い方がよく成長するし、群落の観察でも同様の傾向が認められる。また、水に浸ってはいるものの、塩水であっては吸水は容易ではなく、一種の乾生的な特徴をもっている。葉は硬質で表面はクチクラ化し、細胞内の浸透圧も一般の植物よりも高い。多数の支柱根や気根を出し、また泥上に呼吸根や膝根を出すなど、樹の形態にも著しい特徴がある。

日本に分布するマングローブの樹種は、ヒルギ科のメヒルギ・オヒルギ・ヤエヤマヒルギ、ハマザクロ科のマヤプシギ、シクンシ科のヒルギモドキ、クマツヅラ科のヒルギダマシの六種である。マングローブ林には他の樹種の混生はきわめて少なく、時にハマジンチョウやイボタクサギを少数見るに過ぎない。

メヒルギは最も北まで分布する。種子島や屋久島ではメヒルギ林だけであるが（種子島には最も発達したメヒルギ林がある）、奄美大島や沖縄本島ではメヒルギとオヒルギが混交し、沖縄本島ではこれらにヤエヤマヒルギが加わる。八重山群島になるとメヒルギは減少してオヒルギが大部分を占め、ヤエヤマヒルギの生育が目立っている。マングローブの分布の本拠は熱帯なので、南下するにつれて優占種が入れ替わるのにともない、林は大形になり、種数も豊富になる。

最西端の西表島では、各河川に日本で最も規模の大きいマングローブ林が発達する。主なものはオヒルギ林であって、たとえば仲間

↑種子島，湊に発達したメヒルギ林　(1962)

川では河口から四キロ奥まで純林が続く。下流ではオヒルギの林縁にヤエヤマヒルギが生育し、さらに下流の前線（水により浸りやすいところ）には、マヤプシギ・ヒルギダマシなどが生育する。新しい砂州の突出部にメヒルギの低木の見られるところもある。

林帯の配列は、メヒルギ→マヤプシギ・ヤエヤマヒルギ→オヒルギとなり、これが遷移の系列に対応するものと見なされる。沖縄本島まではその勢力がオヒルギを上回っているメヒルギが、八重山群島ではオヒルギの林縁へ押し出された形になっている。

島の地理的位置によって、各樹種のすみ分けのしかたや林帯の構成、また遷移の順序の変わることとは、日本にある亜熱帯マングローブから、さらに熱帯のそれを含めて観察するといっそう明瞭になる。たとえば熱帯のグア

**↑奄美大島住用川河口付近のメヒルギ・オヒルギ林**　オヒルギは主に林縁部を占め，樹高は低い（1971）。

ム島のマングローブでは、ヒルギダマシやフタゴヒルギ（ヤエヤマヒルギと近縁）が優占し、オヒルギは少なくなっている。

↑発達したオヒルギ林　(2000，西表島浦内川)

◆南西諸島におけるマングローブ樹種の相互関係

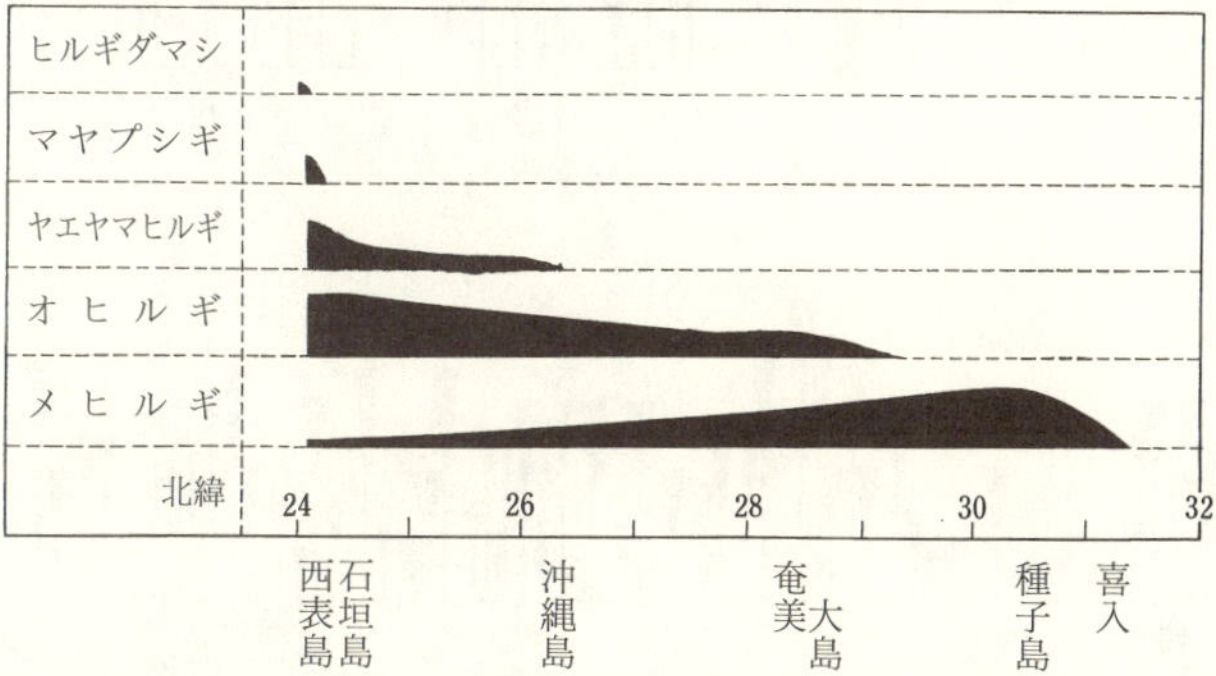

**↑水に浸るオヒルギとメヒルギ**　オヒルギは樹高が高くメヒルギはその縁部にあって低い（1984, 沖縄本島億首川）。

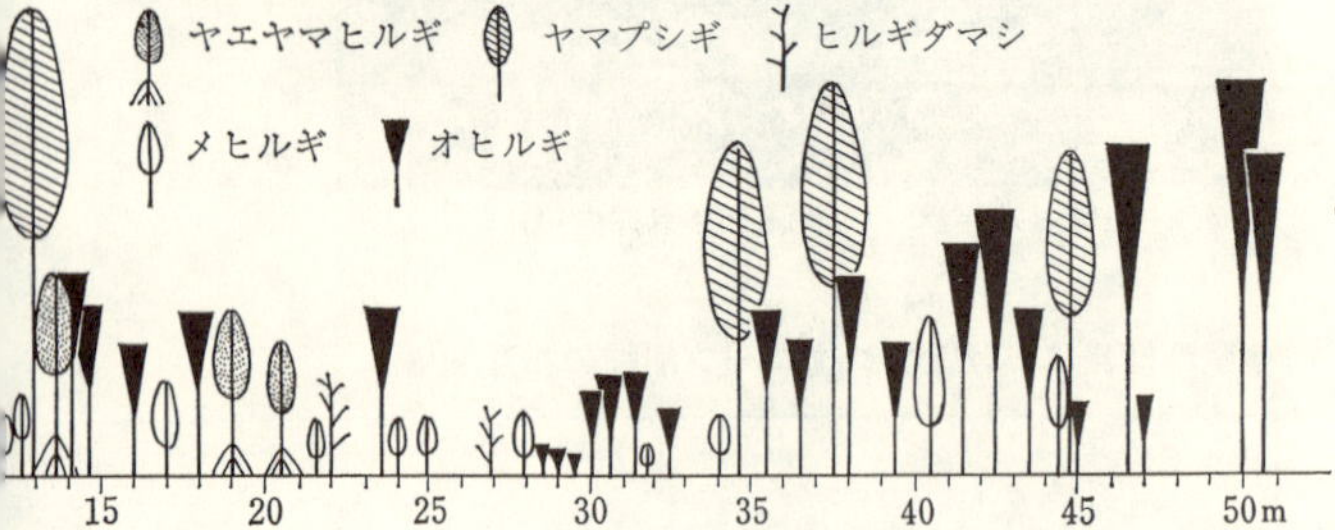


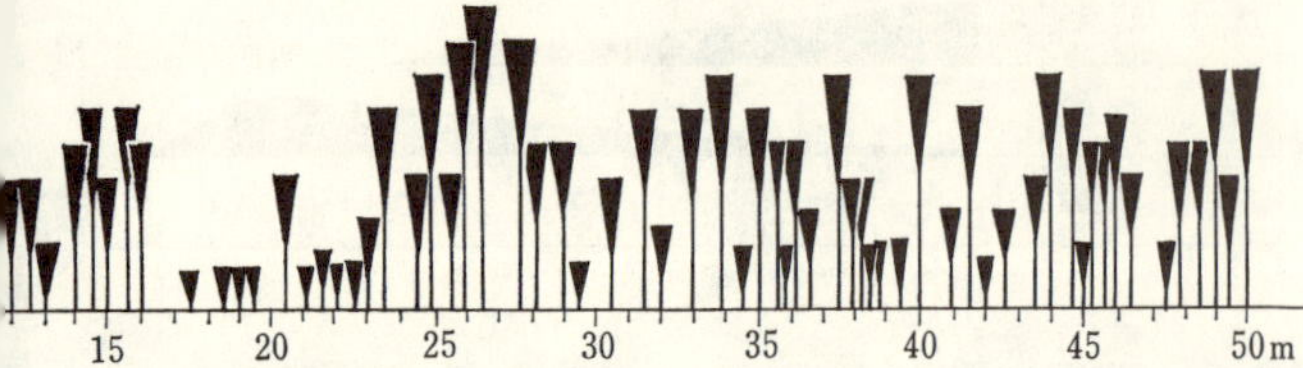

↑**マヤプシキ**　泥上に多数の呼吸根を出す（2000，沖縄県西表島古見）。

↓**ヤエヤマヒルギの優占する林**　（2000，西表島浦内川）

◆**マングローブ林の構造断面図**（小滝・岩瀬）

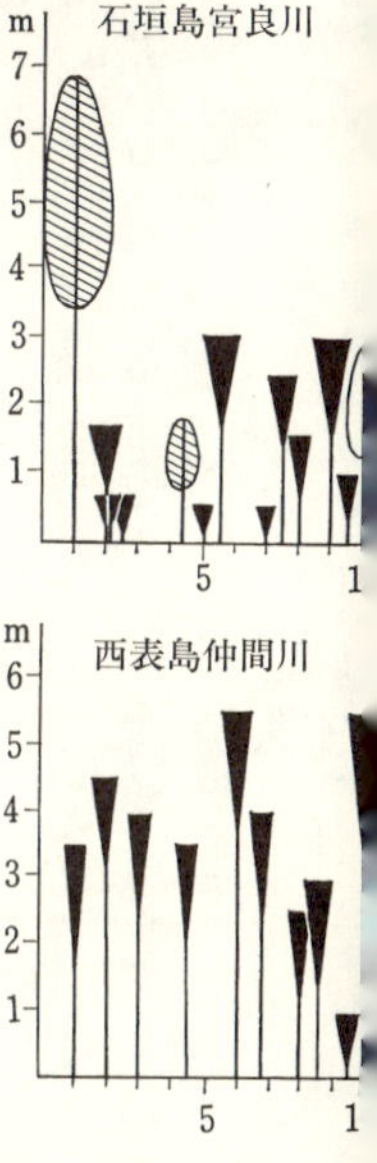

# 28 亜熱帯林(1)

生物の教科書の中には、日本の植物分布の地図で、九州と四国の南端(ときには紀伊半島の南端まで)を亜熱帯に区分しているものがある。しかしこれはフロラ的に、ソテツ・ビロウ・アコウなどの亜熱帯要素が及んでいるという意味であって、気候帯や植生帯からみた亜熱帯そのものではない。

日本の亜熱帯は南西諸島と小笠原諸島である。亜熱帯は年平均気温がおよそ一八度C以上で、年較差が少ない(つまり冬寒くならない)ことが条件である。植生分布と気温要因との関係を表す暖かさの指数からみると、暖温帯と亜熱帯の境界は一八〇度付近とされる。各地の指数のおおよその価は、鹿児島一四〇度、屋久島一七〇度、奄美大島一九〇度、沖縄本島二〇〇度、石垣島二二〇度となり、屋久島と奄美大島の間にその境界が引ける。南西諸島の雨量は年に二〇〇〇〜三〇〇〇ミリで年間を通じて多雨であり、いわゆる亜熱帯降雨林地域に入る。

森林の極相は、スダジイ(イタジイ)・タブノキ・オキナワウラジロガシ・イスノキ・ホルトノキなどを主とする照葉樹林であり、見かけは暖温帯の照葉樹林と大差はないが、林の構成種はかなり異なっている。ヒカゲヘゴ・オニヘゴ・リュウビンタイなどの木生シダの交じる林相は特徴的である。

西表島は最も亜熱帯林のすがたを保ってきたところである。ここの自然林の調査（日越国昭、一九七〇）によれば、尾根部にはスダジイ林（スダジイ・タブノキ・オキナワウラジロガシ・イスノキなど）が、谷筋にはオキナワウラジロガシ林（オキナワウラジロガシ・オオバアコウ・フカノキ・シシアクチなど）が発達している。亜熱帯林は一般に、その構成樹種が多く、階層の分かれ方は明らかでない。つる性植物（ツルアダン・ハブカズラ・トウツルモドキなど）や着生植物（オオタニワタリ・カシノキランなど）の多いのも特徴である。

海岸近くの低地で、雨期に浸水しやすいところには湿地林ができている。そこには支柱根や板根の発達したものが多いが、サキシマ

**↑沖縄丘陵地の照葉樹林**　スダジイが優占するが，オキナワウラジロガシ・タブノキ・コバンモチなどを交え，林の構成種は亜熱帯の要素が強い（1999，沖縄県石川市）。

スオウノキはその顕著な例である。

亜熱帯においても伐採・火入れ・攪乱など人為的な植生破壊は古くから行われており、自然植生といえるものは少ない。照葉樹林の相観をもつところでも、二次林的な混交林の場合が多い。広葉樹がパルプ用材に利用されるようになってから、その伐採は急速に進んだ。二次林の初期には、カラスザンショウ・アカメガシワ・オオバギ・センダンなどの雑木林ができる。

またリュウキュウマツは、本州のアカマツ林と類似して、土地条件の悪いところや海岸砂地には自然林も見られるが、伐採あとなどに先駆的に侵入し二次林をつくる。

植生攪乱地に、近年著しく広がっているのがギンネムである。これは熱帯から人為的に侵入してきたもので、路傍・林縁・海浜など

↑**亜熱帯多雨林の景観**　ヒカゲヘゴを交える（1970，西表島，鈴木由告）。

の植生のすき間を埋めている。直接自然林内へ入り込むことはなく、人里植物的な樹種といえる。

石垣島や西表島の一部には、ノヤシ（ヤエヤマヤシ）の群生地があり、他の林冠から抜きんでた樹幹が熱帯的な景観をつくりだしている。

**↑ノヤシ（ヤエヤマヤシ）の樹幹**
胸高直径20～30cm（1970，石垣島）

**↓ノヤシ（ヤエヤマヤシ）の群生地**　（1970，石垣島）

**↑照葉樹林内に生育するヒカゲヘゴ**　(1999, 沖縄県与那覇岳)

**←サキシマスオウノキの群生地**　板のように地上に張り出した根(板根)がたくましい(1978, 西表島古見, 浜憲治)。

# 29 亜熱帯林(2)—小笠原諸島

小笠原諸島は北緯二四度から二七度四五分にかけて散在する三〇余りの島からなる。重要な島である父島・母島は緯度からみれば沖縄本島に近いが、気候はより亜熱帯的で、植生面からも西表島あたりと対応している。

フロラの面からみると、その多くはインド・マレー系植物群に、一部はポリネシア系植物群に属し、またごく少数のミクロネシア系、日本本土系の植物群もある。

父島や母島の山地の自然林は、ヒメツバキ型林とシマイスノキ型林が主なものである。これら常緑広葉樹林は、ブナ科植物を欠き、クスノキ科植物も数少ない。この点ブナ科・クスノキ科を主要樹種とする南西諸島や台湾などの亜熱帯広葉樹林とは異なっており、ミクロネシアなど太平洋諸島の植生と類似する。ところが構成種の多くはインド・マレー系であることからみて、小笠原諸島独特の植生ということができる。特に父島・母島にみられるシマイスノキ－コバノアカテツ群落、ワダンノキ群落は小笠原固有の植生である。

ヒメツバキ型山地林は、風当たりが弱く土地の条件のよいところに成立する高木林である。ヒメツバキの優占度が高く、ほかにオガサワラビロウ・シマシャリンバイ・コブガシ・ナガバシロダモ・モクタチバナなどを交える。葉は比較的大きい（mesophyll）ものが多い。

シマイスノキ型山地林は、風当たりが強くやや乾燥した斜面に広く発達する低木林である。この林には目立った優占種は見られず、シマイスノキ・コバノアカテツ・シマシャリンバイ・シマモクセイ・ヒメツバキなどが全体の七割を占める。葉の大きさはヒメツバキ型よりもやや小形（microphyll）のものが多い。

海岸林としては、ハスノハギリ・モモタマナ・テリハボク・タコノキなどの林がある。樹高は一五メートル近くあり基底面積（BA—胸高断面積の合計）も一パーセントと高いが、ハスノハギリの幹は軟質なので、他の林と直接比較はできない。

二次林としては、ギンネム林、リュウキュウマツ林・モクマオウ林などがある。ギンネ

↑小笠原諸島父島の亜熱帯林　丘陵部の代表的な林はヒメツバキ－オガサワラビロウ林やシマイスノキ林。その一部の展望（1969）。

ムはここでも各所に進出し、林縁・路傍・あき地に密な群落をつくり、ほとんど他の種類を寄せつけない。リュウキュウマツは、草原や伐採あと地、岩崖地などに自然な姿で生育し、父島の遷移系列のなかに位置を占めている。リュウキュウマツ林はヒメツバキをともなうのがふつうで、次の遷移段階を予想できる。モクマオウ林は海岸に多く、ギンネムと同様に土地を占有する生育ぶりである。

伐採あとを放置すると、アコウザンショウ・ウラジロエノキなどの低木林ができることもある。これは他の地方のカラスザンショウ・アカメガシワ・ヌルデなどの低木林に類似している。

世界的にみても、小笠原諸島の植生は重要であり、しかも大洋島の固有植生は破壊されればその復元はきわめて困難である。

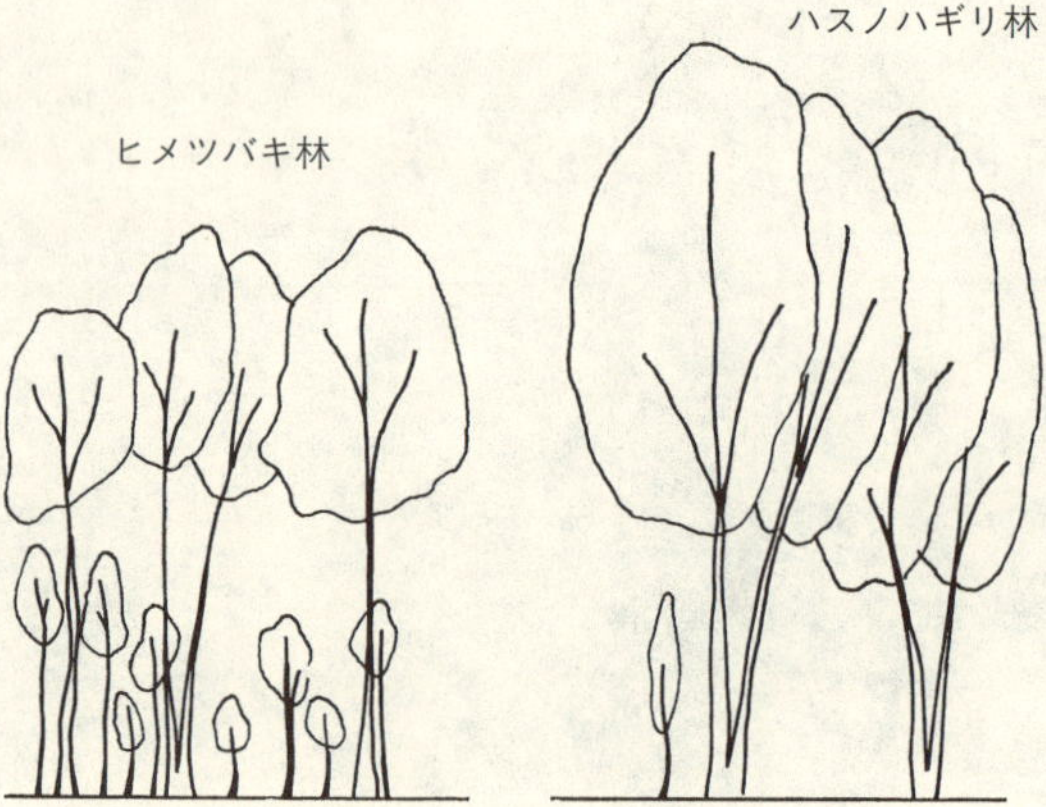

**◆父島の地形と植生**（沼田・大沢，1970）

境浦―傘山―初寝浦の線で切った断面

A ―道路沿いにギンネム林など。

B ―谷沿いにヒメツバキ林，人家跡，尾根にオガサワラビロウの挺出した林など。

C ―主にシマイスノキ林。

D ―ハスノハギリなどの海岸林。

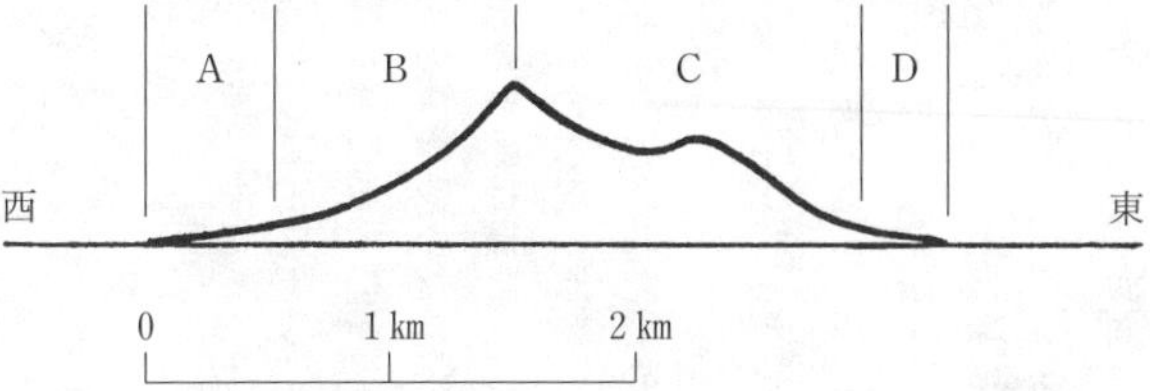


**◆父島の主な森林の断面図**（沼田・大沢，1970）

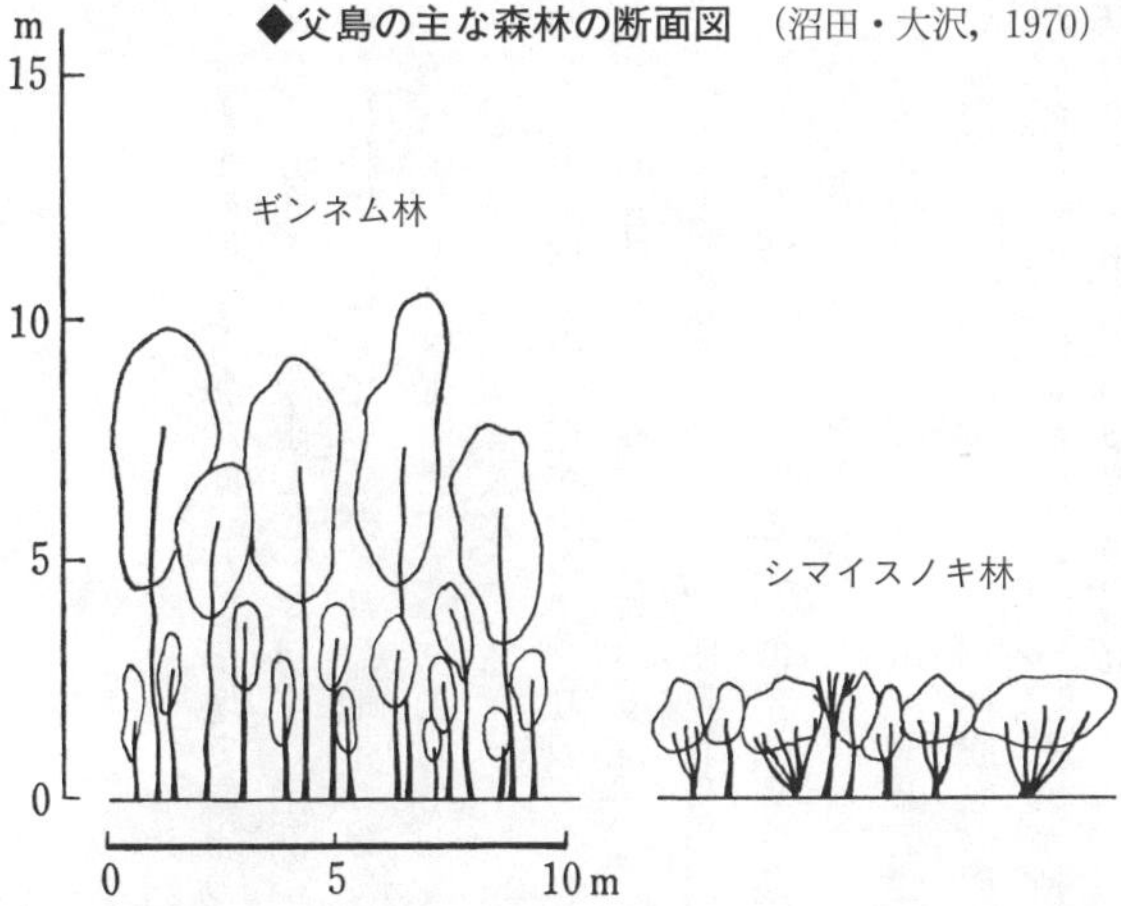

# 30 ウバメガシ林

ウバメガシ林は暖温帯の海岸林の一典型である。太平洋岸で、海に面した風衝地で母岩の露出したような崖地に主として成立する。三浦半島を分布のほぼ東限とし、伊豆半島南部から西の各地を分布範囲としている。紀伊半島あたりは特に発達しているが、海岸地帯だけでなく、内陸丘陵地の土壌の浅い乾いた貧栄養地（たとえば尾根すじなど）にも、しばしばウバメガシ林が見られ、その一部は標高七〇〇〜八〇〇メートルにまで及んでいる。

ウバメガシは昔から良質の木炭の原料にされたが、近年はその用途が少なくなり放置されている。かつては伐採がくり返されたため、いまでも萌芽林の形を残すところが多い。

ウバメガシ林成立の気候要因としては、いろいろな考察がなされている。種の分布範囲は、年平均気温一五度C、一月の平均気温が約四度Cを限界線としているが、群集成立の条件は年平均気温一六度C以上であるとみなされる（今井勉、一九六五）。

ウバメガシ林は、地中海沿岸に分布する硬葉低木林に擬せられることもあるが、雨の条件からいってこれとは異なっている。日本においては雨量の多少が直接ウバメガシ林成立の要因とはならず、土地的要因が関係している。風衝岩崖地に先駆的に群落をつくり、それが持続される。受光量の要求度も高く、海面からの反射光も利用していると考えられる。

海に面した傾斜地のウバメガシ低木林は、ふつうトベラ・ヒメユズリハ・マルバシャリンバイなどをともなう。また上層にクロマツ、下層にハマヒサカキ・ススキなどをともなうところも多い。しかし、シイ・タブノキ・ウラジロガシなどはほとんど混生しない。斜面上部のやや安定したところでは、林床にヒトツバ・タマシダ・コシダなどが現れることが多い。

同じ海岸線でも斜面の方向でウバメガシ林の構造は異なる。たとえば北面のあまり乾生的でない受光量の少ない斜面では、ツバキ・タブノキ・スダジイ・タイミンタチバナなど、照葉樹林の構成種が加わる。海岸線から遠ざかるにつれてこの傾向は強まり、しだいにウバメガシはその優占性を保てなくなる。一部の尾根などを除いていずれはシイ―タイミン

↑岩地上にはうウバメガシ　（1973，伊豆半島小浦）

タチバナ林などへ遷移すると考えられる。

しかし、平坦地でいったん林冠がウバメガシにおおわれると、その林相は長く維持され、容易に次への遷移の傾向を示さない。伊豆西海岸にある神社林にその例があり、亜高木層にタイミンタチバナ・トベラ、低木層にウバメガシなどが多く見られるが、スダジイやタブノキの低木の生育は見られない。

↓**社叢林として残るウバメガシの老齢林**（1973，伊豆半島安良里）

**↑断崖の斜面に広がるウバメガシ林**　クロマツ・トベラなども少数交じる（1973，伊豆半島小浦）。

# 31 暖温帯落葉樹林

冷温帯の極相であるブナ・ミズナラ林と、暖温帯の極相であるシイ・カシ林とは日本の南部では接しているが、北へ行くにつれてその間に暖温帯落葉樹林がはさまってくる。イヌブナ・クリ・アカシデなどが主な構成種で、それにモミやツガの針葉樹がかなり多く混生する。この地帯は暖かさの指数からいえば八五度以上で暖温帯の条件をもつが、寒さの指数ではマイナス一〇度以下になって、低温が植生の制限要因となる（中村賢太郎、一九五四）。この林を中間温帯林と呼ぶこともある。

東北地方の丘陵帯は主にモミ・イヌブナ林におおわれていたと考えられ、各地にその残存がある。たとえば仙台市内の保護林でも、モミ・イヌブナ林が発達して極相林と見なされる。その林内にはツバキ・アオキ・ウラジロガシなどの暖温帯要素を交えるが、これらが将来も優占種となることはない。

モミ林そのものは広く暖温帯にまで分布する。関東地方南部の丘陵地のモミ林はシイ・カシの照葉樹を低木層にもつことが多い。また、コナラ林の低木層にしばしばモミが見られる。暖温帯でモミ林を極相の一つと見るか、あるいは照葉樹林へ遷移する途中相と見るのかは一概に判断できない。モミ林成立の要因には、過去の気候の変動や林への人為作用なども関係している。

これらに対して現在、冷温帯下部から暖温帯に広くできているコナラ・クリ・アカシデ・イヌシデ・ムクノキなどの落葉樹林がある。これらは本来山地性であったが、照葉樹林の人為による破壊が広がるにつれて、平地を生育域とするようになったと考えられる。

武蔵野の自然の象徴とされている雑木林は、ほとんどこのような二次林である。その典型として保存される平林寺（埼玉県新座市）の境内林は、コナラを優占種としイヌシデ・クリ・クヌギ・エゴノキなどを交える。低木も同じような種類があり、林床はアズマネザサが優占する。

武蔵丘陵（埼玉県）での観察（田村ほか、一九七三）によると、丘陵上部にはアカマツ林が、丘陵下部にはコナラ林やアカシデ林が

↑**東北地方の低地に保存されるモミ林**　アカマツ・イヌブナ・アカシデなども交じる（1973，仙台市東北大学植物園）。

成立する。コナラとアカシデとは、萌芽力や耐陰性に若干の差があり、伐採の程度の低い、北向き斜面や谷あいにはアカシデ林が成立しやすい。関東南部では、アカシデに代わってイヌシデが多く生育する。

斜面下部や平坦な沖積低地の周りなど、やや水分の多い土地には、クヌギ林が成立しやすい。いわゆる雑木林は人為的な影響が強い途中相であるため、いろいろな種が入り込み、群落組成は一定していない。

下刈りが行われないでいると、低木層にはそこの潜在自然植生を示す種類、たとえばアカガシ・アラカシ・スダジイ・ツバキなどが現れてくる。しかし、よく発達した雑木林では、主要木の落葉樹の樹齢も長い上にこれまで林床に手が加わっていたこともあって、落葉樹林から照葉樹林への遷移をはっきり示す

↑コナラの葉

↓クヌギの葉

**↑イヌブナ・モミ・ツガ・イタヤカエデなどの林**　中間温帯林とも呼ばれる。標高約1100m（2001，東京都三頭山）。

ような林相は少ない。落葉樹林はそれなりにかなり安定した林となっている。

落葉している期間は林内は明るいが、新葉が出揃うころから林内照度は急激に低下する。林床には、春になってから高木層の開葉前の短い期間に、地上部の生活を全うしようとする、いわゆる春植物が群落をつくる。カタクリ・ニリンソウ・イチリンソウ・アズマイチゲ・アマナなどがその例である。

カタクリは低地では北に面した斜面の落葉樹林下に見られるのが普通で、しかも土壌湿度に恵まれた場所が適地である。春の初めに美しい花をつけるが、林の新緑が濃くなるころにはもう地上の姿は見られない。季節的なすみ分けとしてはっきりした例である。

↑**平地に残るいわゆる雑木林**　イヌシデ・クマシデの林（1973，千葉県市川市）。

**↑コナラ林の林床に群落をつくるカタクリ**　雪の消えたあとにいっせいに開花する春植物（1974，新潟県六日町，鈴木由告）。

# 32 アカマツ林・クロマツ林

日本に自生する二葉松類《にようしょうるい》には、アカマツ・クロマツおよびリュウキュウマツがある。マツ林は日本の代表的植生の一つである。

アカマツ林は最も分布域が広く、青森県北部から南は屋久島に及び、また垂直的には低地から山地帯上部にまで及ぶ。近畿・中国地方はアカマツ分布の中心である。

クロマツ林は水平分布からみるとアカマツとほぼ同じであるが、生育範囲はおおむね海岸寄りの地帯に限られている。しかし本州北部の海岸にはクロマツは少なくなる。また奄美群島以南にはリュウキュウマツが分布する。

アカマツ林の自然の生育地は、露岩地・尾根筋・表土の浅い土地など、乾燥しやすい貧栄養のところである。このような条件の悪い土地には、他の樹木の侵入は容易ではなく、アカマツ林は土壌的極相をなしている。

一般の土地では、マツ林は一次遷移あるいは二次遷移において、初期の途中相をつくることが多い。溶岩原、沖積低地、崩壊地あるいは伐採地、草原などにその例が見られる。アカマツ林が日本の主要植生になったのは、くり返し加えられた人為作用の結果である。瀬戸内地方の花崗岩地帯では、長年の乱伐によって土壌侵食が進んだところにアカマツ林が広く成立し、容易に遷移が進まない状態にある。

アカマツ林は造林地が多く、自然林との区別のつきにくいところもある。自然林の場合は、コナラ・クリ・ミズナラなどの落葉樹や、アラカシ・アカガシ・ウラジロガシなどの常緑樹と混生する例が多い。林床は明るいためササ類で占められるが、地方によってスズタケ、チシマザサ、アズマネザサ、ネザサなど種類が異なる。つまり高木層はアカマツであるが、地域の環境を反映してさまざまな種類組成となる。

標徴種によるアカマツ林の分類（佐々木好之、一九七三）によって主なものをあげると次のようになる。

東北地方から本州中部の冷温帯に分布するアカマツ―カスミザクラ群集、それよりもやや暖地の地方に広く分布するアカマツ―ヤマ

◆**マツの水平分布**（佐々木，1973）

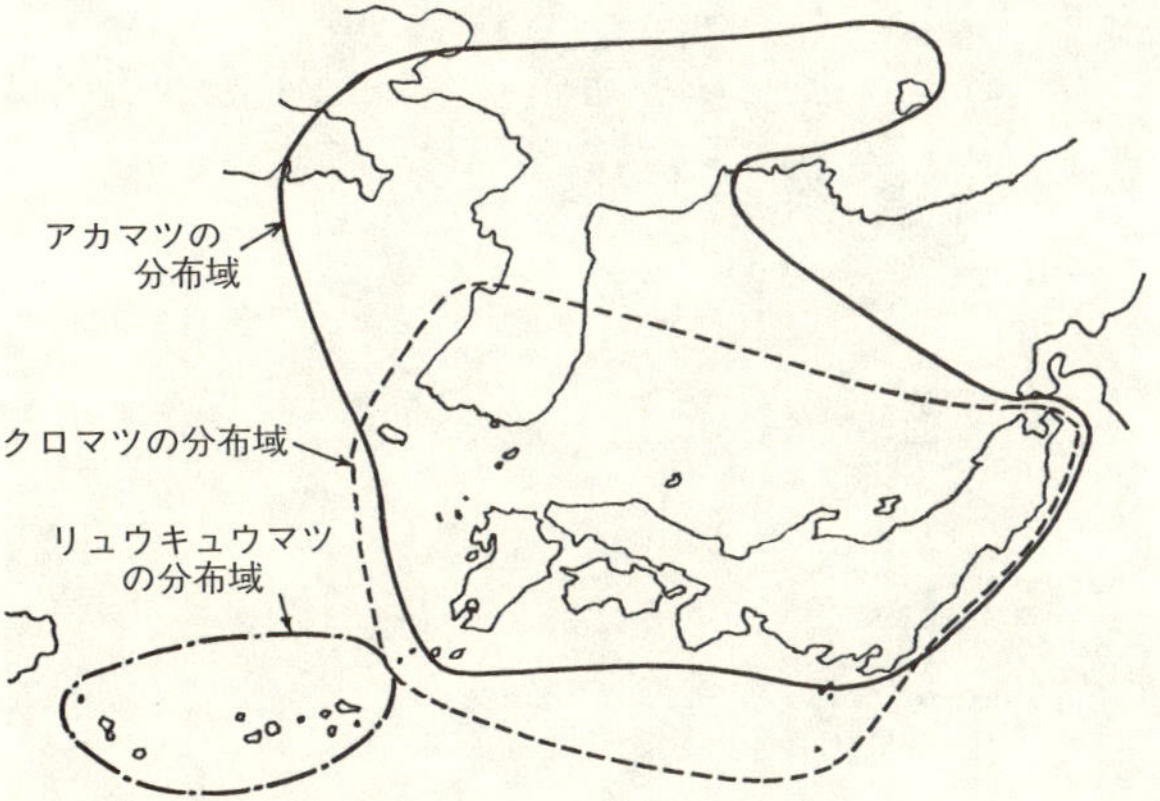

ツツジ群集、暖温帯で照葉樹林要素を交えるアカマツ-アラカシ群集、瀬戸内地方に分布するアカマツ-コバノミツバツツジ群集、近畿地方のアカマツ-モチツツジ群集など。

これらは途中相であるから、土地的条件がよければいずれはその地方の極相へと遷移するはずである。

[Note-2001]

近年（1960年代以降）のマツ枯れの急激な進行によって，かつて健全だったアカマツ林やクロマツ林は，きわめて少なくなった。

**↓海岸近くにあるクロマツ林**　林縁にウバメガシが見られる（1973，静岡県大浜町）。

↑丘陵地のアカマツ自然林　（1973，仙台市）

# 33 カシワ林

カシワはブナ科の落葉樹であるが、同じ科のミズナラ・コナラ・ブナなどと違い、その分布域は比較的限られている。

カシワ林の最も広く生育するのは北海道の海岸で、日本海・太平洋・オホーツク海沿岸を通じてふつうに見られる。本州でいえばクロマツ林に相当する位置に海岸林をつくる。風衝地では低木林状になり、さらにはほふく状になるものもある。この地域は、冬は低温で雪が少なく、夏はかなり乾燥し、つねに強風にさらされるというきびしい環境であり、カシワ林はそこの先駆林でありながら長く持続されることが多い。サロベツ海岸などに見られるトドマツ林のような海岸林でも、カシワ林から遷移的に進んだ形のものもある。北海道の平野部でもカシワ林はかなり見られる。

青森県津軽半島などの海岸砂丘上には、カシワの純林のできているところが多い。これはかつて藩政時代に飛砂防止のため植栽したものといわれるが、現在ではほとんど自然林化している。林内にはウワミズザクラ・マユミなどを交え、林床にはチシマザサがある。

日本海沿岸では新潟県あたりにところどころにカシワ林が残るが、混生する種類はしだいに変わり、イタヤカエデ・エノキなどからシロダモのような常緑広葉樹林の要素が加わってくる。新潟県中部の風衝地斜面では、クロマツ林の前面にマント群落状の低木林をつくっている。林床構成種は照葉樹林帯の要素が多くなる。このほか太平洋沿岸でも小規模にカシワの生育するところがある。

本州の内陸部の山地にもカシワ林の散生が見られる。たとえば関東地方では、榛名山や赤城山、東京近郊の高尾山系などの尾根すじに残っている。

カシワは樹皮が厚く、火にかかっても回復力が強い。山火事あとにはカシワが増える傾向もある。

福島県の甲子高原にはカシワ林のまとまって残るところがある。このあたりはかつて馬の放牧地として火入れがくり返されたが、カシワがそれに耐えて残り、林をつくったものといわれる。林床には草原性のススキ・ヤマハギ・ワラビ・ミヤコザサなどがある。最近ではゴルフ場や別荘地などの拡張によって、カシワも減少しつつある。

以上と同じ理由から草原中にカシワの交じることもある。富士山の裾野や阿蘇の草原な

↑山地草原中にほかの低木と交じって生えるカシワ　(1974，富士山麓)

どにその例が見られる。

カシワ林は、一般的にいって土壌的極相となるところもあるし、また火入れによる偏向遷移（二一二ページ参照）の途中相となるところもあるといってよいであろう。

→カシワの葉と果実
（1998，新潟県佐渡島海岸）

**↑海岸砂丘上のカシワ林**　幹は屈曲し風衝型となっている（1995,
青森県西津軽海岸）。

# 34 海岸林（1）

海岸線に沿って成立する林は、つねに塩風あるいは飛砂の作用を受けるが、特に暴風時には著しい影響をこうむる。内陸部にとって海岸林は、防風、防砂、防潮のための重要な林であり、砂丘地では古くから造林が盛んに行われてきた。

わが国の砂丘林のうち、汀線《ていせん》（満潮時の波の線）に近いところには、マツ林が最も普通である。本州の中・南部、四国、九州の海岸には、クロマツが分布する。現在は造林されたものが大部分であるが、原植生もクロマツ林であると見なされる。山形県の庄内砂丘には、大規模なクロマツ林が続くが、これも江戸時代の造林によるものである。

本州北部の海岸では天然生のクロマツ林はなくなり、代わってアカマツ林やそのほかの林が出現する。下北半島の砂丘には、シナノキ・ミズナラ・ブナ・エゾイタヤなどの落葉広葉樹林や、ヒノキアスナロの針葉樹林が見られる。また津軽半島の砂丘にはカシワ林がある。

北海道の海岸にはカシワ林が広く分布するが、東部や北部の砂丘にはミズナラ林・アカエゾマツ林・トドマツ林などが見られる。またモンゴリナラ林の成立するところもある。

奄美大島以南の海岸では、クロマツ林がリュウキュウマツ林におき替わり、さらに沖縄各地の海岸にはアダンの林が前面にできている。沖縄南部の砂丘地には、ハスノハギリ、テリハボクなどの海岸林も見られる。小笠原諸島にもハスノハギリの海岸林がある。

→海に面した崖地をおおうアカマツ林
（一九七三、宮城県牡鹿半島）

また亜熱帯の海岸にはモクマオウが植栽され、それが二次的に自然林化し、現在では亜熱帯地域の海岸林構成種として広く各地に見られる。

海岸林の地理的分布帯は、内陸の森林帯のように明瞭な区分はできないが、北からカシワ・ミズナラ帯、アカマツ帯、クロマツ帯、リュウキュウマツ帯、アダン帯というおよその区分が成り立つ。

海岸林を構成する主要樹種は、一般に先駆種であり、森林としては遷移初期のものであるが、その環境のきびしさからほかの樹種が容易に侵入できないことが多いため、その林相が長く維持される。

中部以西の太平洋岸の風衝崖地などにできているウバメガシ林も、海岸の特殊環境に成立し持続される林相の一つである。

↑アダンの林　(1971，奄美大島)

**↑岩崖上のクロマツ林**　林床はウバメガシ（1973，伊豆半島南部）。

# 35 海岸林(2)

典型的な海岸林では、その林冠が海に向かって鋭角状に頭を切られたような形をしている。塩風にさらされる方向の芽の成長が阻害され、幹や枝が海と反対方向に曲げられる。前面に砂丘が発達している場合、砂丘の盛り上がり面の延長線が、林冠の面とほぼ一致している。

現在ではかなり内陸部にある林が、その相観からしてかつては海岸林であったとみなされるものがある。臨海地帯の埋め立てや干拓が進むと、市街地の間にタブノキ・クロマツ・ヤブニッケイ・エノキなどの、鋭角状の林冠をもった海岸林の残される例もある。

暖温帯の砂丘地にはクロマツ林が多く、ま

た風衝崖地にはクロマツ・トベラ・マルバシャリンバイなどの低木林ができる。しかし、この地帯での遷移の進んだ海岸林の代表はタブ林である。塩風を直接受けないところや、安定した崖地などにはタブ林の発達しているのが見られる。

千葉県南部の海岸林を観察すると、前面から奥にかけて次のような移行が見られる。

マルバグミ・ハマゴウなどの小低木群落

←

クロマツ・トベラ・マサキなどの低木林

←

ヤブニッケイ・タブノキ・トベラ・アカメガシワ・カラスザンショウ・エノキなどの混交林

←

タブノキ・ヤブニッケイを主とする林

→海岸の神社林（タブ林）の林冠の形（一九七〇、千葉県銚子市）

これは海岸林における遷移の系列ともほぼ一致しているといえる。そして土壌の発達や防風などの条件が整えば、タブ林を経てスダジイ林へと進行するであろう。

海岸林構成種の塩風に対する耐性にはかなりの差がある。塩水を葉にスプレーする実験（倉内、一九五六）によると、塩素イオンが葉内に侵入して枯死しやすいものと、葉面に付着して侵入しにくいものとがある。前者の型（侵入型）にはイヌビワ・カラスザンショウ・エノキなどの落葉樹があり、これらは台風のときの被害が大きい。常緑樹の多くは後者の型（付着型）であるが、耐塩性の最も強いものにトベラ・マサキ・マルバグミなどがあり、ついでツバキ・タブノキ・クロマツ・ヤブニッケイなどがあり、耐塩性のやや弱いものにスダジイ・クスノキ・アラカシなどが

↑防砂林として砂丘上に造成されたクロマツ林　（1973, 静岡県千浜砂丘）

ある。耐塩性の強いものほど前面に進出し、また遷移の初期に優占する傾向がある。

愛知県渥美半島で、伊勢湾台風（一九五九）によって大きな被害のあった海岸について、被害直後の状況と、一〇年後の回復状況を調査した資料（倉内、一九七一）によると、最も塩風害の大きかったタブ型林はトベラ低木林になり、シイ型林はタブ型林に移行していた。被害の中程度のタブ型林は完全に復元していた。塩風害によって一時退行した海岸林も、遷移系列にしたがって回復する傾向を示している。

**↓伊勢湾台風（一九五九）で大被害を受けた海岸林の一五年後の状況**　枯木状のタブノキの一部は新しい芽をだしている。低木層にはヒメユズリハ・ヤブニッケイ・トベラなどが優占し、ここではまだタブ林への回復は示されていない（一九七四、愛知県伊良湖岬）。

# 36 海岸砂丘地（1）

海岸砂丘地は、植生の生態学的研究のふるさとでもある。そこは平地において最もきびしく不安定な環境であり、ごく限られた種類が特有の適応形態を示し、単純な群落をつくっている。環境と植生の動態を解明するための好適なフィールドとされてきた。

かつて砂丘地は、不毛の土地として飛砂の猛威が強調され、砂丘安定のための工事や砂防造林が古くから施行されてきた。そのため、長い日本の海岸線で、自然のままの砂丘形態や植生を残す場所はごくわずかになった。河川の改修によって砂丘へ供給される砂の堆積が減少し、砂丘の発達も悪くなった。しかも近年は、工業地帯造成や観光施設のため砂丘が開発の対象となることが多く、そこでの環境破壊も著しい。

一口に砂丘地といっても、部分的に環境の差がある。汀線（満潮時の波の線）に近い砂丘の前面（前浜）は、平らな砂浜となっているが、このあたりは高潮や台風時の高波に洗われやすく、最も不安定なところで植被もごく少ない。その後方に汀線とほぼ平行した砂丘がある。

大規模な砂丘地では何列かの砂丘列ができている。たとえば静岡県遠州灘に面した千浜砂丘地では三列の大砂丘列がある。それぞれの幅は約五〇メートル、列と列の間隔は一〇〇

〜一五〇メートルほどである。砂丘の後背側は急にえぐられて低くなる。ときにはそれが地下水位に達して、広い水湿地をつくっている。乾いた砂地と湿地との対照的な植生が隣り合っている。

砂丘の後方には低木林があり、そして多くは造成された防風林へと続く。このような植生景観はどの砂丘地も共通しているが、環境に大差がないためである。砂地の群落構成種をみても、北から南までの広分布種が多い。コウボウムギ・ハマヒルガオ・ハマニガナ・ハマボウフウなどがその主要な種である。

温度要因にともなう植生の水平的分布は、極相林の場合のようにはっきりはせず、むしろ海流（寒流・暖流）との関係が大きい。北方ではエゾノコウボウムギ・ハマニンニクなどが優勢であり、中部ではコウボウムギ・ハ

**↑大規模な砂丘の最前列**　防砂垣があるので植生は砂丘性のもの以外に内陸性のものも交じっている（1973，静岡県千浜砂丘）。

マゴウ・ネコノシタなどが優勢である。亜熱帯地域ではコウボウムギがなくなり、グンバイヒルガオ・ツキイゲなどが多くなる。

ほかに分布域の明瞭な例として、暖流に洗われる海岸に分布するハマオモト（月平均最低気温マイナス三・五度Cの線が分布線と一致する）や、寒流の洗う海岸沿いに本州の中ほどまで南下するハマナスなどがある。

内湾のやや安定した有機物の多い浜には、オカヒジキ・ホソバノハマアカザ・スナビキソウなど、砂丘地とは違った群落ができる。

**↓千浜砂丘の第三砂丘の前面**　クロマツ林がよく成長している。手前は低湿地に生じたヨシ群落（1973，静岡県千浜砂丘）。

［Note-2001］

二〇〇一年時の千浜砂丘は第一砂丘前面の状況に大きな変化はなく、砂の移動の激しい不安定な群落を形成しているが、堆砂垣の多くは破損している。砂丘上から背後にかけてはクロマツの造林が行われ、砂丘上は低い風衝林を形成している。第一砂丘の後背地はかつての低湿地の状況とは大きく変わっている。放置されてオギ群落やメダケ林、低木林などになっているほか、道路、駐車場、工場地などに改変されている。第二砂丘のクロマツ林は成長しており、その後背地も畑地や施設にされているところが多く、低湿地の状況はほとんど失われている。

↑暖地の海浜に分布するグンバイヒルガオ　(1971, 奄美大島)

↑中部以北の海浜に分布するハマニンニク(1966, 岩手県釜石市)

◆**ハマオモトの分布線**（小清水卓二, 1952)

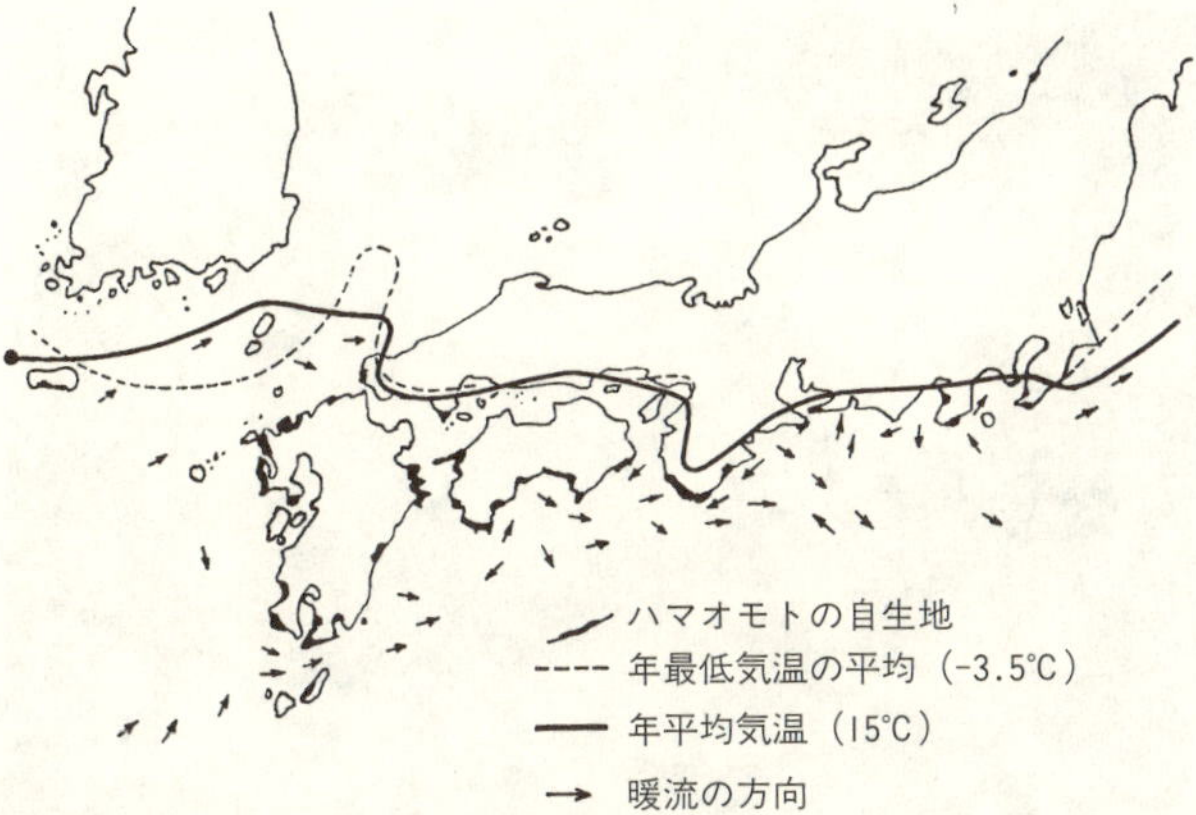

**↑砂の移動の大きい前面に群落をつくるコウボウムギ**　(1973, 茨城県波崎町)

**↓ハマヒルガオ**　日本の海岸砂丘地に最もふつうに分布している(1971, 奄美大島)。

◆砂丘群落の構造断面（2ｍベルトトランセクトによる）
（図は被度階級で表す）

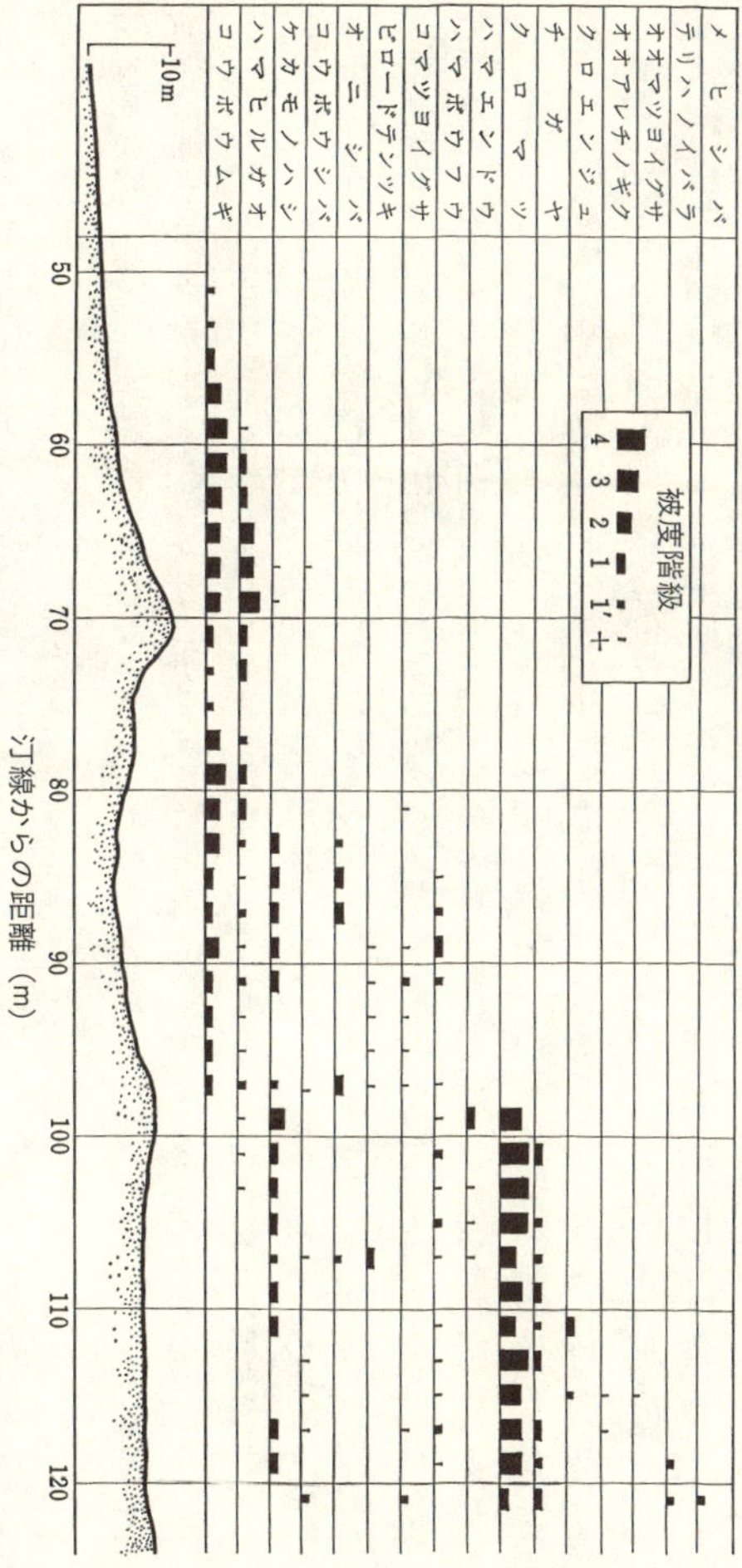


（1973，茨城県波崎海岸）

# 37 海岸砂丘地(2)

大きな砂丘地では、汀線に平行したいくつかの植生帯が見られる。たとえば、汀線に近い前面にはコウボウムギ・オニシバなどがまばらに生え、次いでコウボウムギあるいはハマニンニクなどの優占する群落、ハマヒルガオ・ハマゴウ・テリハノイバラなどの群落、ハマエンドウ・チガヤ・ハイネズなどの群落、クロマツ林というように移行する。このような帯状分布は、各地の海岸で規模の大小はあってもふつうに観察される。

帯状分布を決める主な要因は、風による砂の移動や、台風時の波浪の影響(これには汀線に近い場所の海底の地形も関係)である。海風中の含気塩分が、帯状分布を支配するという意見もある。砂中の塩分はそう多くはないので、塩湿地などのほかは強い制限要因とはならない。ふつうは飛砂に対する適応性が、砂丘地の群落を決める主要因と考えられている。

飛砂に対する形態的反応の著しい例にコウボウムギがある。コウボウムギは地下茎がよく発達し、植物体が砂に埋もれても上向きの地下茎をのばして、砂上に新しく株をつくる。それがまた砂をためる効果をもたらし、さらに成長するということをくり返しつつ小砂丘を形成していく。

このように飛砂に対して適応性をもつものを好砂性植物(延原肇、一九六五)という。そのうちコウボウムギ・ハマニンニク・オニシバのように地下茎を発達させるものが、最も砂の移動の激しい砂丘前面に群落をつくる。これに対してネコノシタは砂上にほふく茎をのばし、砂に埋もれると多くの芽を出してまた砂上にのび上がる。これも小砂丘をつくるが、コウボウムギにくらべて砂の移動のやや少ないところに発達するハマゴウやテリハノイバラなどの小低木もネコノシタと似たような生活型をもっている。

砂丘後方になると、非好砂性植物が生活域をもつので好砂性植物はしだいに姿を消す。対飛砂に着目した生活型分類を考察して、砂丘の環境勾配をとらえようとした試み(延原、一九六五)もある。

大砂丘の上に堆砂垣を構設して砂をとめる工事は、広く各地の海岸で行われている。そ

↑**砂をとらえるコウボウムギ**　幼砂丘ができる（1972，千葉県九十九里浜）。

こだけ特に砂がたまり、自然の砂丘の形態は変化する。砂の移動が少なくなるにつれて、内陸の植物が進出する。その中には人里植物(二五八ページ)や帰化植物(二六四ページ)が多く、メヒシバ・オオアレチノギク・マツヨイグサ類が目立つ種類である。その中でもコマツヨイグサは砂上にほふく茎をのばし、好砂性植物のような生活型を示し、各地の海岸に広まっている。かつてオオマツヨイグサの進出していた砂浜が、数年のうちにコマツヨイグサに入れ替わった例もある。

砂の安定とともに砂丘群落は変化し、海岸草原を経てやがては海岸林の成立に至る。

[Note-2001]
下の写真の銚子市の砂浜は，現在，全く見ることができない。

**↑砂上に広がったネコノシタの群落**　砂の堆積とともに茎をのばして成長する（1960，千葉県銚子市）。

**◆コウボウムギの地下部**（延原，1965）
（A〜Eのようなタイプがある）

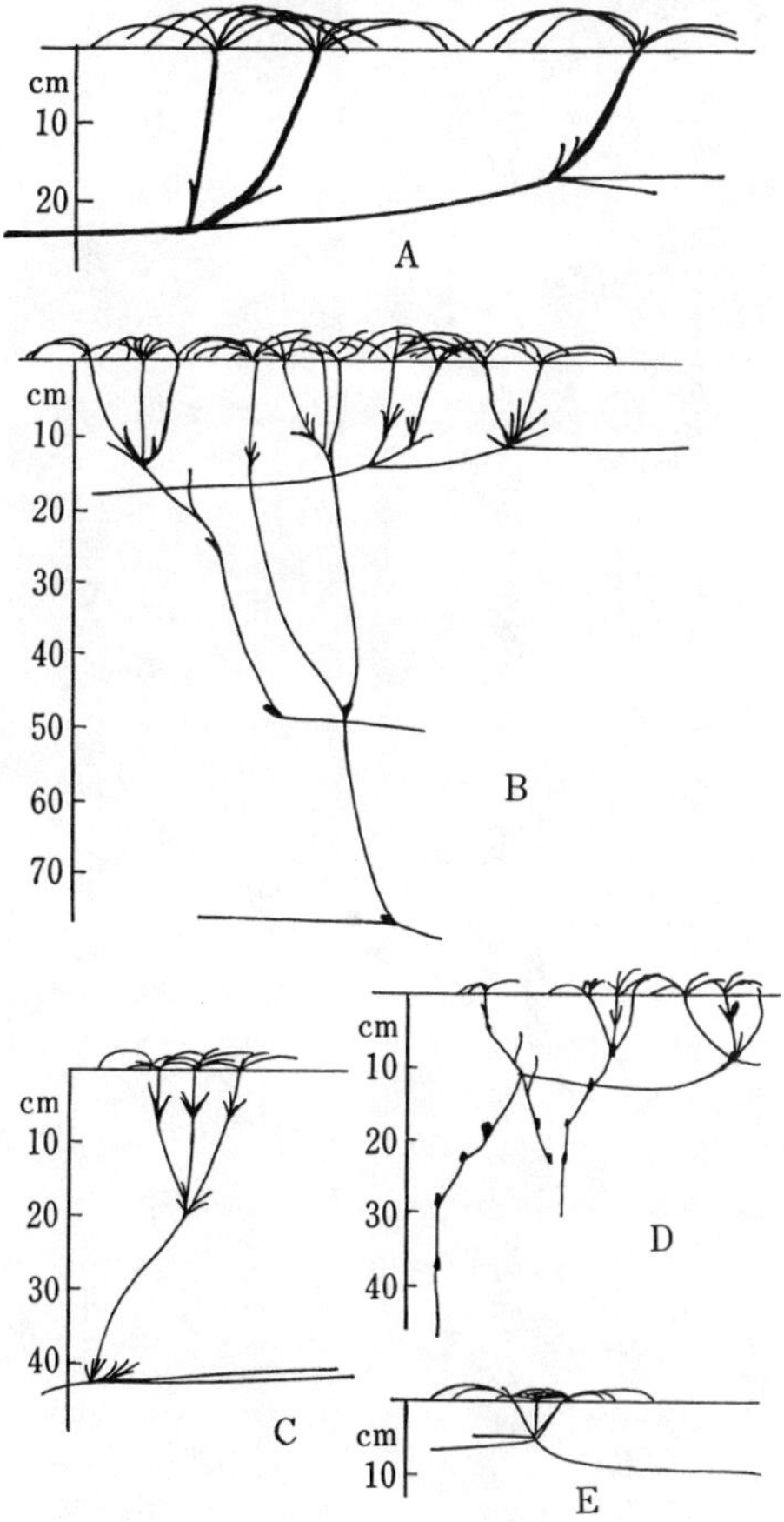

# 38 海岸の岩場や崖地

海岸線に沿った立地のうちで、岩場や崖地は植物の根が張りにくいうえに、絶えず強い塩風にさらされ、植生は岩上荒原あるいは風衝草原の形に保たれている。これは土壌的極相とみてもよいであろう。

砂浜の植生は、相観の上からも種類相の上からも普遍性があって、地域的な特徴は薄いが、岩場や崖地の植生は、相観は類似していても種類相からは地域的な特徴がかなり現れている。沿岸で分布の北限や南限の種類が記載されるのも、多くは岩場や崖地である。海岸性のキク属（コハマギク・ハマギク・イソギク・シオギク・ノジギク・アシズリノジギク・サツマノギクなど、いずれも染色体数からみると倍数性である）が、地域的に分布を分けているのはよく知られた例である。

岩場は、大部分が岩の露頭で、植物はそのすき間をもとめて根を下ろす。汀線から離れた岩場では、その下部に岩の風化した砂礫や上部表層の崩壊した土砂などの堆積地がある。岩のすき間には、タイトゴメ・ハマボッス・ソナレムグラ・ホソバワダン・アゼトウナなどが生育する。

砂礫の堆積地やその周りには、ヒゲスゲ・ハチジョウススキ・ボタンボウフウ・ハマゼリ・ハマナデシコ・ラセイタソウ・テリハノイバラ・ツワブキ・ハマアザミ・キク属・オニヤブソテツなどの混生した群落ができる。岩場でも風化が進んだ古いところでは、これらの群落におおわれるようになる。そして群落の安定するのにともない、ハイネズ・マルバシャリンバイ・マサキ・オオバグミ・トベラなどの低木が進出する。

一般に岩場の群落の構成種は、草丈が低く、節間が短く、葉や茎が肥厚し、地下器官も発達している。内陸性の種類で、たまたま海岸の岩産地に定着しているものがあると、右のような形態的特徴をもった生態型（海岸型）を示す例が見られる（たとえば、サワヒヨドリ→ハマサワヒヨドリ・ツリガネニンジン→マルバノハマシャジン・マツムシソウ→ソナレマツムシソウ・オトコヨモギなど）。

**↑風衝崖地の群落**　イソギク・ハチジョウススキ・マルバシャリンバイなど（1974，千葉県銚子市）。

丘陵地や台地が直接汀線に面しているところで、下部は浸食によって崩壊した断崖になり、上部の斜面は土壌構造が保たれている場合には、本来の丘陵地植生があったはずである。しかし塩風の作用や伐採などによって群落は退行し、草原や低木群落になっているところが多い。

特に風衝地では、ススキ・ササ・チガヤなどを主とした草原に小低木を交えた海岸風衝草原ができ、それが持続される。

人為作用の加えられないところでは、マルバシャリンバイ・トベラ・ハマヒサカキ（本州中部以西）などの低木群落が発達する。高さ一〜二メートルでじゅうたん状に密生し、上部が斜面と平行になびいた特有の相観をつくる。崖地上に海岸林がある場合はその林縁群落へと続く。

**↑風衝崖地にできている低木林**　トベラ・マサキ・ツバキなどがびっしりと崖をおおう（1973，静岡県御前崎）。

**↑断崖面にできているツワブキ・イソギク・ハチジョウススキ・ヒゲスゲなどの群落**　その上部はトベラ・タブノキなどの風衝低木群落（1974，千葉県鵜原海岸）。

**←ハマサワヒヨドリ**　サワヒヨドリの海岸型で，節間が短縮して葉が厚い（1969，千葉県犬吠埼）。

# 39 草原（1）

広義の草原には、山地や裾野に広がる草原をはじめ、高山草原、湿原、水辺の抽水群落、海岸草原など、あるいは放棄畑やあき地にできる雑草群落なども含まれる。

これらのうち、全くの自然草原といえるものは少なく、高山草原、高層湿原、亜高山帯の高茎草原などが、気候的あるいは土壌的な極相（ないしは極相類似のもの）であるに過ぎない。高茎草原は、なだれ、地すべり、崩壊など土壌の不安定な、湿ったところにでき、オニシモツケ・オオイタドリ・ハンゴンソウ・ヨブスマソウ・オオカサモチなど、大形の多年生草本からなる群落である。

日本の気候は、高山帯を除きほとんどの場所が森林の成立し得る条件をもっている。したがって草原の大部分は、多かれ少なかれ人為作用が加わってその相観が保たれていることになる。

草原がそこの自然景観として売りだされているところもある。たとえば長野県の霧ケ峰は、広い草原と湿原のある地域として知られ、一部は天然記念物にもなっている。しかしこの原植生はやはり森林であろう。古く行われてきた刈りとり、火入れなどによって森林の成立がはばまれてきた。もともと溶岩台地で表土が薄く、また全般に湿性のうえ低温であるため、伐採など人為作用にあうと植生回復がきわめて遅い。これが草原の保たれてきた大きな理由であるが、近年採草の行われなくなったところでは、カラマツやミズナラが侵入し、遷移の進む傾向が現れている。

滋賀県と岐阜県の県境にある伊吹山(一三七七メートル)の山頂一帯は、「山地草原植物およびその自生地」として天然記念物に指定されている。シモツケソウ・メタカラコウ・サラシナショウマ・グンナイフウロ・フジテンニンソウ・ショウジョウスゲなど数多くの種類が生育し、春から夏の間これらが咲き乱れて美観を呈する。石灰岩性の山系で、コゴメグサ・ヒメフウロ・イブキスミレなど好石灰岩植物とされるものや、伊吹山に分布の限られる種類などもいくつもあって、フロラ的には注目されるところである。

↑ヨブスマソウ・サワギクなどの高茎草原 (1964, 栃木県奥日光)

伊吹山にしても本来の植生が現在のような草原であったとは考えられず、やはり古くからの人為による植生攪乱があったのであろう。ヨーロッパ原産の種類がこの山だけに残存していることは、古く人為的な導入があったことを意味する。ここでも近年は、広葉草原のなかにササ（イブキザサ）・ススキなどが進出しかけており、さらに低木類（たとえばオオイタヤメイゲツ・クサギ・シナノキ・ブナ・ミズナラ・ムシカリなど）が徐々に増えようとしている。石灰岩地帯でかつ風衝地であるため、容易には高木林となり得ないが、現在の広葉草原の構造はしだいに変わっていくであろう。

草原の状態を保つことが望ましいとするなら、ここでの遷移系列を考え、その位置づけを明らかにする必要がある。一切の人為作用を排するだけでは、遷移の途中相の保全には困難があり、適切な植生管理の方法が研究されねばならない。

↑伊吹山の山頂近くの草原　(1974)

# 40 草原（2）

山地草原とか裾野草原とか呼ばれるものは、東北地方から九州まで各地に広がっている。富士山麓、八甲田山の田代平、阿蘇の草千里などはよく知られた例であるが、これらも半自然的な草原である。

草原を単に植生としてではなく、採草や放牧など主に家畜のための利用地として扱うとき、ふつう「草地」という呼び方がなされる。日本の草原といえば、広さからいって大部分は「草地」を指している。さらに行政的には、牧草栽培地のようなものを人工草地といい、それ以外を自然草地といって区別している。自然草地に少し手を入れたもの（施肥、牧草導入など）を、改良草地という。

↑**広大なネザサ型自然草地**　長年の放牧や採草でできあがった生物的極相であるが，人工草地化されたり，植林されているところが多い（1960，阿蘇山大観峰付近）。

ススキ・シバ・ササなどの草原は、各地にふつうに見られる草地植生である。これの分布帯を考えると、ある程度は温度帯（つまり森林帯の水平分布）に対応した草地植生帯が区分されるが、さらに採草・放牧・火入れなどの人為作用の加わるもとに、現実の植生型が成立する。

草地植生帯を、北からA帯・B帯・C帯とする。森林帯とはややずれがあり、冷温帯にあたるB帯は、北海道南部から東北地方、それに中国・九州までの日本海側を含んでいる（四国、九州などの海岸部にはB帯に属するシバ型草地が見られるが、これは分布限界付近に現れる現象と考えられる）。

草地植生の組成や構造は、採草・火入れ・放牧などの人為作用によって大きく影響される。各植生帯ごとに主に採草が働くか、主に

**◆日本の草地植生帯**（沼田，1969）

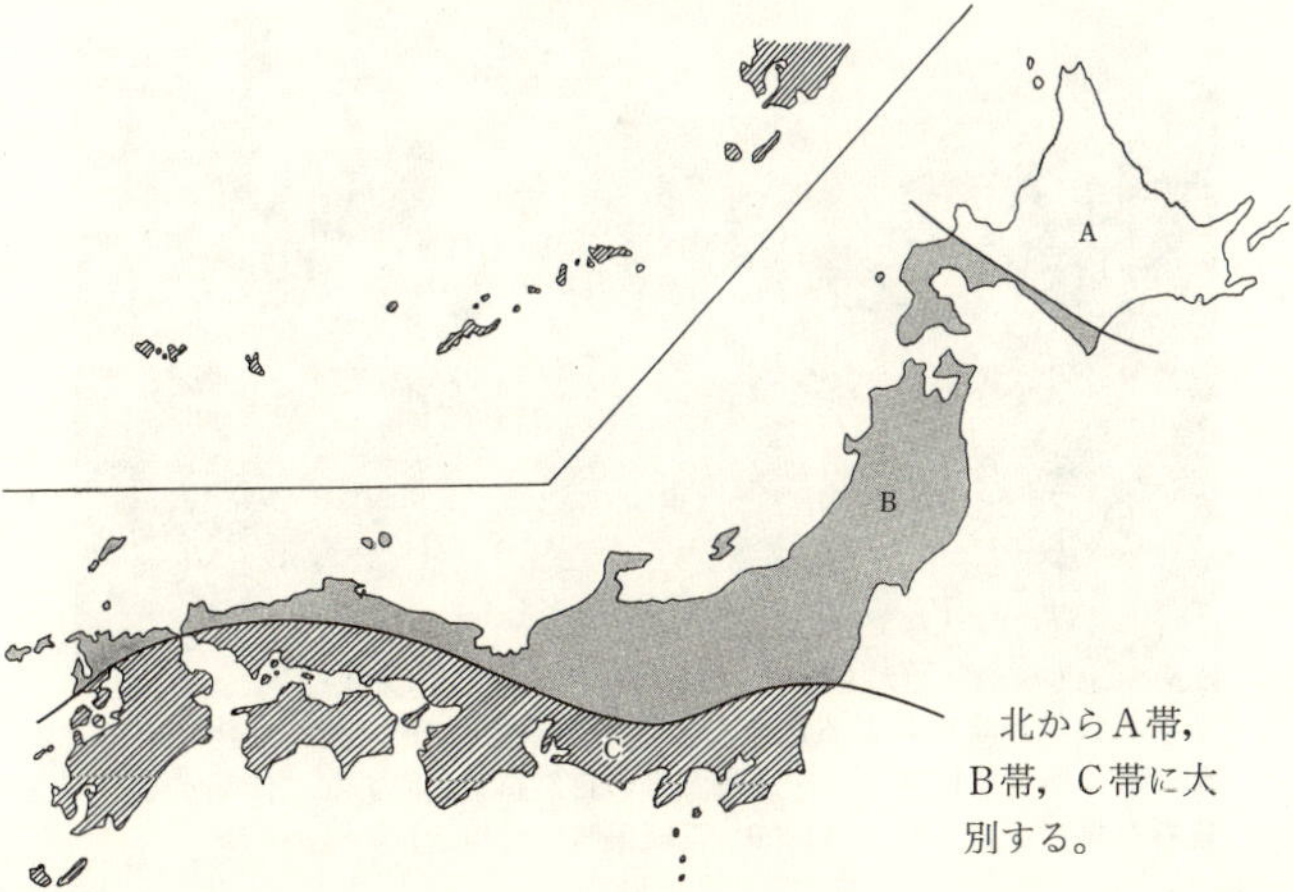


北からA帯，B帯，C帯に大別する。

放牧が働くかによって草地型が決められる。

ススキ型草地は、B帯からC帯まで最も広く分布し、採草下あるいは火入れによって維持される代表的な群落である。北海道ではススキの成長が遅く、ササと競争するとこれに圧倒されて、均質な草地としてのススキ型はできにくくなる。伐採あとや山火事あとには、クマイザサ・ミヤコザサを主とするササ型草地ができやすい。これも適度に採草利用されるとその状態が維持される。

関東地方の低地では、ススキ型草地の中にアズマネザサの混ずる場合が多い。不規則な刈りとりや、軽度の放牧などがあると、アズマネザサの優占する群落ができやすい。しかしアズマネザサは放牧圧に弱いので、草地全体から見るとそれほど有力なメンバーとはなり得ない。

**↑東北大学農場内にある広大なスズキ型草地**　IBP（国際生物学事業計画）研究用に使用し，湿潤温帯の自然草地生産力などに関する重要な資料が得られた（1966，宮城県鳴子町川渡）。

これに対し西日本ではネザサが重要なメンバーとなり、ススキ-ネザサ型草地やネザサ-シバ型草地が広がっている。阿蘇・九住・霧島地方の草地はその例である。

一方、放牧下の草地では、家畜の採食、踏みつけ（放牧圧）などにより短草型になる。この代表的なのがシバ型草地である。シバそのものは北海道南部から九州までふつうに見られるが、シバが優占種として圧倒的な優位を保つのは、東北地方を中心とした冷温帯地域である。阿蘇の放牧地では、長年の家畜の作用によってシバ型のような短草型に見えても、その優占種はふつうネザサである。

山地帯（ブナ-ミズナラ帯）になると、西南日本でもシバ型草地が分布し、その中間にシバ-ネザサ型が存在する。中国山地にはこのような例がよく見られる（九州・四国など

**↑ササ草原**　草地植生型の一つであるが，このササ原の中にも大きなトドマツの切り株があり，明治以前にはトドマツ林だったのではないかと思われる（1959，北海道サロベツ原野）。

の暖地では、低地でも特に海岸沿いにシバ型草地ができやすい)。

北海道では、南部を除いてシバはなく、放牧地では牧草を主とするナガハグサ型や、野草を主とするウシノケグサ型ができる。

◆日本の主な草地植生型の優占種

| 気候帯 | 人為要因 | |
|---|---|---|
| | 採草や火入れ | 放牧下 |
| 亜寒帯または亜高山帯 | イワノガリヤス，ヒゲノガリヤス，ススキ，ササ類 | ウシノケグサ，ナガハグサ |
| 冷温帯または山地帯 | ススキ，ササ類 | シバ |
| 暖温帯 | ススキ，チガヤ，ネザサ | ネザサ，シバ |
| 亜熱帯 | ススキ(トキワススキ，オガサワラススキを含む)チガヤ，リュウキュウチク | ギョウギシバ，コウライシバ，シマスズメノヒエ |

(ササ類はクマイザサ，ミヤコザサ，チシマザサなど)

**↑シバ型草地**　背後はブナなどの落葉樹。放牧で維持される生物的極相（シバ型草地）と，気候的極相（ブナ林）の対照が妙である（1958，青森県田代平）。

**→北海道北部の丘陵地の広大なササ草原**　明治以降の森林伐採によって生じたものと思われる。一部に低木が侵入し森林回復の兆しを見せている（2001，北海道礼文島）。

# 41 草原（3）

ススキ草原には、たえずアカマツ・カラマツ・シラカンバなどの芽生えが見られる。採草、火入れなどの人為作用が停止すれば、まもなく林への遷移が始まる。山地帯では、ふつう一〇年内外の放置でアカマツやシラカンバの幼齢林ができる。それにともない草本層の植被率は低下するが、種類組成に大差はない。

一方、ススキ草地に過度の採草がくり返されたり、放牧による採食、踏みつけなどが加えられたりすると、冷温帯や、暖地の海岸地域では、ススキはしだいに衰え、代わってシバが増える。

ススキ型草地は、ススキ-シバ型を経てシバ型へと移行する。これは人為作用にともなう退行遷移の一つで、早い場合には三〜五年でその結果が現れる。シバは地表あるいは地表下に茎をのばし、地上部の成長点は地表近くにあって、踏みつけ圧や被食に対して強い再生力をもっている。その反面、ススキ・トダシバなど高茎草本との競争には弱く、放牧の力が弱まれば再びススキ草地へと移行する。

さらに過度の放牧があると、群落攪乱がシバの再生力を上回り、オオバコ・スズメノカタビラなど踏みつけ型の人里植物群落になる。放牧地の馬立て場には、このような群落ができている。

火入れの行われるススキ草地で、火に強いハギが増える例や、放牧地で家畜の食わないワラビが増えてワラビ型草地になる例などもある。これらは一種の偏向遷移（二一二ページ）である。ただし、ワラビ型といわれても、測定すると優占種はススキやシバであって、ワラビは二位以下のことが多い。

草原の保全、あるいは草地としての管理利用などを考える上には、植生の状態診断を行う必要がある。

その基礎となるのは遷移診断である。すなわち、生活型組成から診断する方法、あるいは遷移上の位置を指数で表す方法（遷移度）などがある。

**↑北海道上士幌の大規模草地に増えたエゾヤマハギ**　ササ草原あとの放牧地に火入れをした結果，原植生のハギが増えた例（1966）。

遷移度（DS）は次の計算式によっており、別々の地域における群落比較にも適用できる。

$$DS=\frac{\Sigma(l\times d\times c)}{n}\cdot v$$

$d$ はその種の優占度（SDR），$n$ は種数，$v$ は植被率，$l$ は種の生存年限，生活型によって Th＝1，Ch，G，H＝10，N＝50，M，MM＝100 とする。$c$ は極相指数で 1 は先駆種，5 は極相種とする（1 は陽地性の草種，2 は林床など陰地性の草種，3 は先駆樹種，4 は中間の樹種，5 は極相の樹種，草原の種は大部分 $c$＝1 とすれば，$c$ を省略してもよい）。

遷移度を用いて草地植生型を検討する試みがいくつかあるが、左ページの二つのグラフはその一例である。

**↑草地での刈り取りわく法による調査**　大分県久住高原のネザサ型草地で行われたときのもの（1965）。

**◆遷移度に対して座標づけをした草地植生型**（沼田，1969）
（遷移の順序を示すわけではない）

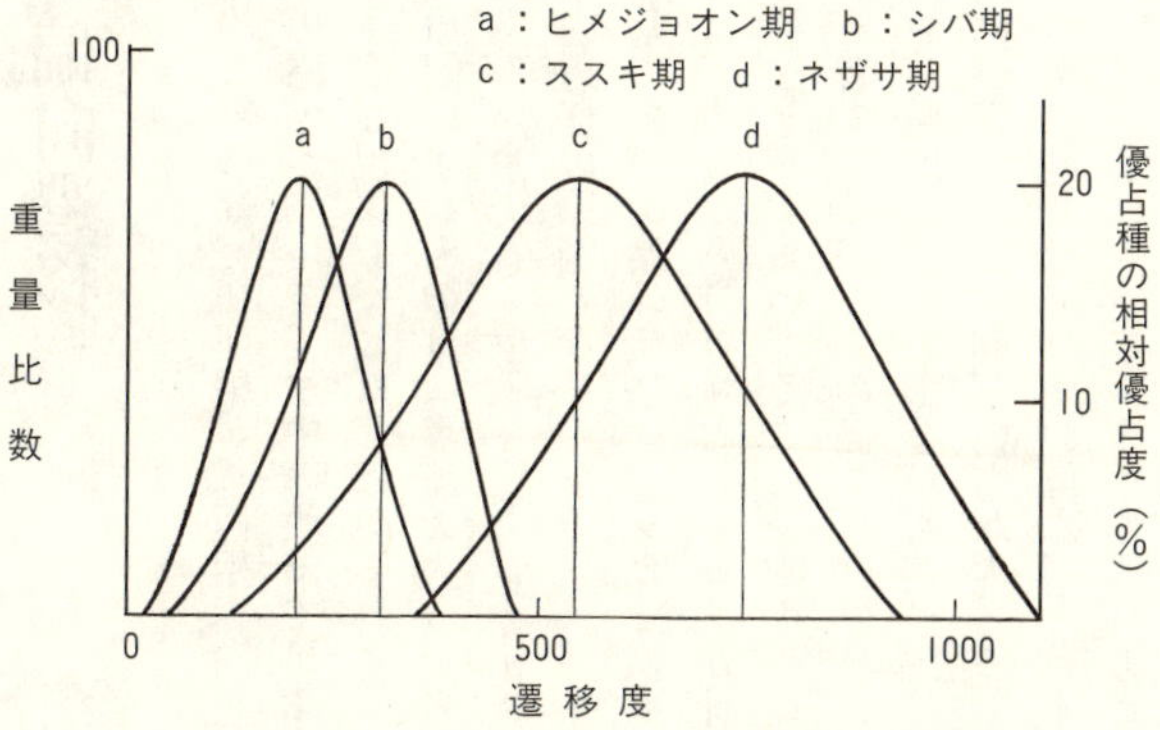


**◆ススキ型草地植生と優占種であるススキの現存量曲線の遷移度に対する座標づけ**（沼田，1966）

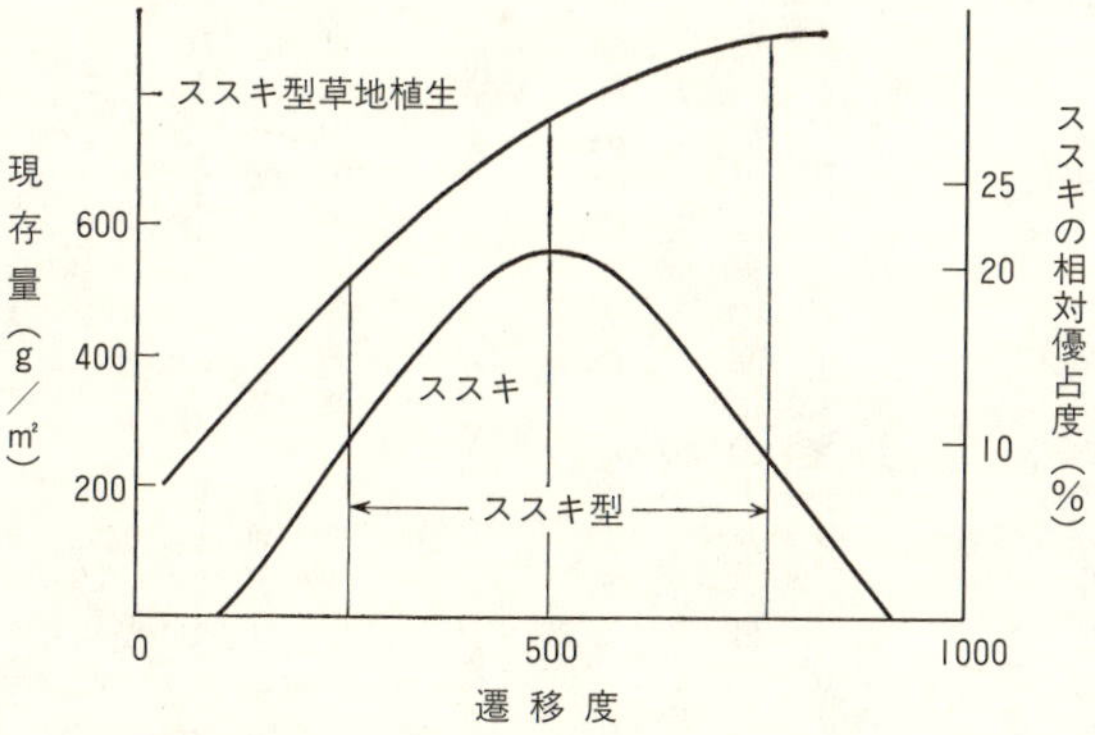

# 42 偏向遷移

典型的な遷移は、初期相から極相へ向かって移行するコースを指している。しかしそこに何らかの原因が働いて、途中の段階で足ぶみしたり、横道にそれたり、ときには逆戻りしたりするような現象も、しばしば見られる。この横道にそれる現象を**偏向遷移**という。その原因の主なものは（環境の大きな変動がない限り）動物の作用であり、さらに直接間接に人為作用が大きく影響する。草原の項であげた、草地型を決める放牧や刈りとりなども、偏向遷移の原因となる。

宮城県の金華山島の植生は、シカと植物との関係から遷移が横道へそれた好例である。この島では、古くから神社域として植生が保護されてきた。アカマツ林・モミ林・イヌシデやブナの林などがおおい、そこに多数のシカが生息していた。シカは食物連鎖の上からは本来一次消費者であるが、この島では保護されて天敵がなく、その頂点に位置している。そのため個体数が増加し、その影響が直接植生に現れた。シカに食われる植物は減少し、シカの好まぬ植物が広がって、群落構造が大きく変化している。

シカの生息地では、林内の低木層や草本層がきわめて貧弱である。ところによってはほとんど裸地状を呈している。そして、ハナヒリノキ・テンナンショウ・フタリシズカなど、シカの好まぬ種類だけが目につく。特にハナヒリノキは林床の優占種となっている場所もある。高木層の後継樹がないため、林の崩壊したあと回復が困難で草原化する地域が拡大している。

草原ではふつうのススキが減少し、葉の細い形（イトススキ）が広がっている。さらにシカの踏みつけの大きいところはシバ群落となる。これらのなかで目立つのが、刈りこまれた庭木のような形をしたガマズミ・コゴメウツギ・ヤマツツジなどである。つねに芽がシカに食われて坊主になり、葉は超小形で独特な生育型をつくっている。このような小形樹の集まった群落は特有の景観である。

沢あいや道ばたなどには、やはりシカの食わないハンゴンソウが広く群落をつくっている。シカよけの柵をつくった場所では、数年

**↑偏向遷移をもたらしたシカの群れ**　（1973，宮城県金華山）

のうちに森林回復の兆しが現れる。この島での遷移はシカを抜きにしては考えられない。

奈良の春日山で、アセビ・シキミなどの林のできているところがある。これらもシカに食べ残された樹種の増えたものである。このほか人間の作用によって偏向させられる遷移の例は各地に見られる。

↑シカが食わないために林床に広まっているハナヒリノキの群落　(1973，宮城県金華山)

**↑ガマズミの偏形樹**　つねにシカに芽が食われることによってできた形。周囲はイトススキ（1973，宮城県金華山）。

# 43 屋敷林

都市や集落のなかで自然植生の面影を求めるとすれば、まず社寺林があげられるが、屋敷内に残された林や、その周りの古い生垣なども有力な手がかりになる。

屋敷林を育成する過程には当然人為作用が加わってはいるが、長年にわたってそこの環境に適合した樹種が育てられてきたので、現在では自然林的な要素をもつものが多い。かつての城跡、大名屋敷のあとなどで、現在自然公園的に残されているところも大きな屋敷林と見なせる。東京（目黒）の自然教育園のスダジイを主とする林もその例である。

城跡に残存する林には、東北地方ではブナやモミ、関東ではスダジイ、四国ではコジイやアラカシ、南九州ではクスノキやイスノキなどの例がある。これらは植生の水平分布帯の要素を表している。

沖縄ではフクギ（インド原産といわれる）やガジュマルの屋敷林などが特異な景観をつくっている。これらが防風・防火の意味を兼ねて古くから育成されてきた。そのほかに、テリハボク・ハスノハギリ・オオハマボウなども屋敷林の樹種となっている。小笠原諸島でもこれと似た林ができている。

千葉県の九十九里平野での観察によると、海岸線に近いところから内陸に向かって、屋敷

**↑屋敷の周りに植えられているフクギ**　防風と防火の役割をもっている（沖縄市）。

林の主要構成種がしだいに移り変わるようすがわかる。おおよその順序をあげると次のようである。

海岸線　トベラ・マテバシイ・マサキ
クロマツ・タブノキ・ヤブニッケイ
タブノキ・カクレミノ・ツバキ
タブノキ・スダジイ
内陸　←スダジイ・シラカシ

これは塩風の影響の勾配を反映していると考えられ、海岸林の遷移とも類似した分布を示している。

関東平野の内陸部にはシラカシの屋敷林が多い。もともとは自然植生のシラカシを屋敷内にとり入れたものと思われる。現在シラカシの天然林はほとんど見られないが、屋敷林を拠点に二次的にシラカシの分布が広まったところがある。マツやヒノキの造林地の下層

に、しばしばシラカシの幼樹が見られる。このほか、ケヤキやムクノキ林、アカマツ林、あるいはタケ類の林などが、各地の屋敷林の相観をつくっている。いずれもその地域の途中相あるいは極相の片鱗を残している。

このような風土的なもののほか、たとえば千葉県八街市に見るように、明治維新のさい新たに入植した士族たちが、出身地の埼玉県や静岡県の屋敷林のつくりかたをもち込んだ例もある。シラカシのことをブシュウガシと呼んでいるが、出身地の武州（武蔵国）に因んでいる。

環境の都市化にともない、屋敷林も衰退の傾向が強くなっている。

**→水田地帯に残されている屋敷林**　シラカシ・ケヤキ・ムクノキなどの林（一九六八、千葉県印西町）。

**↓東京湾近くに多いマテバシイの屋敷林**　かつてアサクサノリの養殖に枝を用いたのでこの木が多いといわれる（一九七四、千葉県富津市）。

# 44 竹林（1）

植物の生活型を、木と草に大別することができるが、その場合、竹はどちらに入るであろうか。竹林を見れば、たしかに林と呼べる構造、つまり上層に竹、下層に低木層や草本層をもつ階層構造をつくる。この点から竹は木に近い。一方、竹は肥大成長をしないとか、根茎で繁殖するなど、ふつうの木に見られない草本的性格ももっている。そこで、竹は巨大な草（giant grass）と表現する人もある。これが同じタケ科でもササになると、その植生のタイプは多くは草原の中にくり入れられる（もっともメダケでは、ササの仲間なのに、時にメダケ林と呼ばれる。二二三ページ写真）。このように竹は、生活型からも、植生の上からも、中間的な性格をもった独特のものである。

竹でも熱帯性のものは、根茎が短縮して大きな株をつくり、稈《かん》（地上茎）が叢生するタイプである。日本のものではホウライチクがこのタイプに近い。いわゆるバンブーはこのような竹を指している。

これに対してわが国にふつうに分布するマダケ・ハチク・モウソウチクなど暖温帯から冷温帯に分布する竹は、横走する根茎の節から稈を間隔をおいて直立させるタイプ（散稈性）である。

北海道にはササはあっても竹はない。竹林の分布を決める大きな要因が気温であることがわかる。例をマダケ林にとると、この竹林は栽培も含めて本州北部から九州南部まで分布している。この制限要因としては、年平均気温のほか、気温の低極、日最低気温（平年値）などがあげられる。マダケの場合、年平均気温八度C、冬の低極マイナス二〇度C、日最低気温五〜六度Cが、分布の限界となっている。それ以下では竹の生育は困難である（沼田、一九六七）。

マダケ林の分布は、マクロ的には右のような温度要因に支配されるが、メソ（中）レベルで見ると、風、雪、雨量などがあげられる。竹は水分要求が大きく、良竹の産地は雨量が少なくとも年一五〇〇ミリ以上ある。一方また強い風は、稈を折ったり、振動によっ

↑ホウライチクの団塊　（1971，奄美大島）

てその付着部を切ったりして機械的な障害を与える。また蒸散を過大にするような間接的な制約要因にもなる。

暴風日数（風速一〇メートル以上の日数）というのを考えると、これが一〇〇日以上のところは良竹が育たない。また冬の季節風のもたらす積雪量も問題になり、日本海側の豪雪地帯にはやはりよい竹林は育たない（小林敬ほか、一九五八）。

さらに、よりミクロなレベルで見ると、土壌や地形（ロームで不透水層があるとか、斜面で岩石がごろごろしているとか）、表土の厚さなどによって生育は左右される。良竹の産地は一般に表土が厚く、排水がよく、そして雨が多くて風当たりが弱く、あまり低温ではない、そんな環境であるといえよう。

↑川の縁に帯状に続くメダケ林 （1973, 千葉県丸山町）

◆マダケの生育と気温の低極との関係

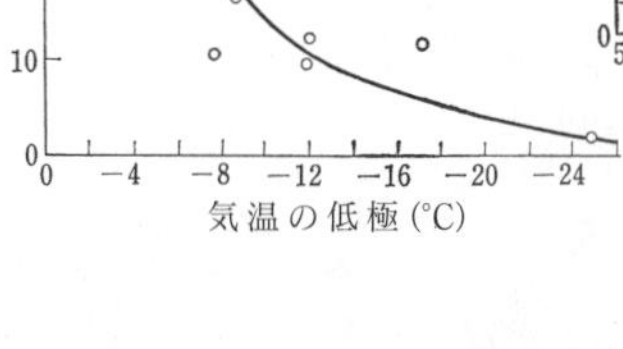


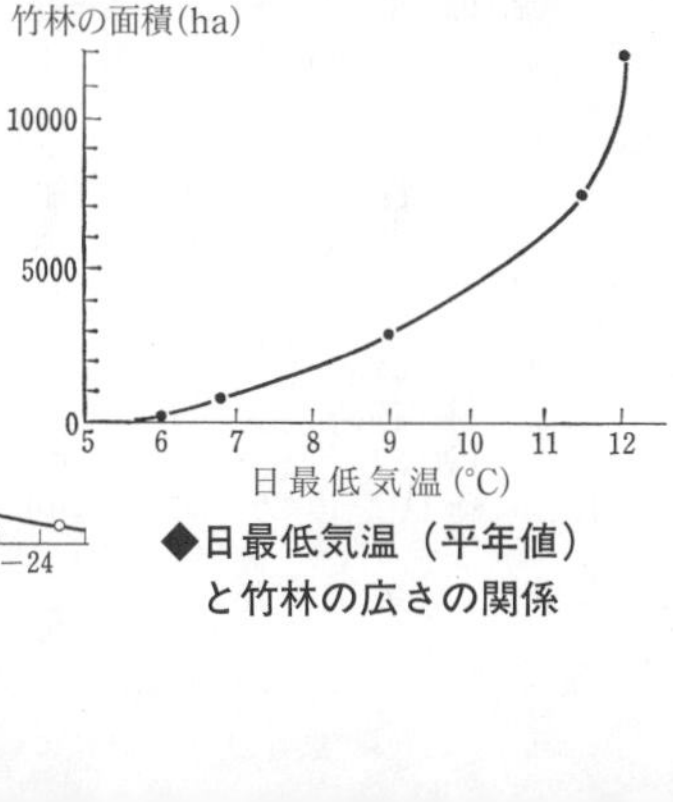


◆日最低気温（平年値）と竹林の広さの関係

# 45 竹林（2）

わが国の竹林には栽培のものが多いが、自然林的に広がるところもある。特に西南日本の急斜面をもった地形では、竹林が最も安定した形となり、いわば地形的極相とみられる場合もある。だが一般には、竹林は遷移の途中相で、人手が加えられなければより安定した方向へと移り変わっていく。

ふつう栽培している竹林では、たとえば四年以上の竹を伐る（三年竹残しという）といった伐竹の管理をし、また夏には下刈りやつる切りをする。このような手入れで、比較的コンスタントな状態が維持されるのである。しかし竹林を放置すると、たちまちアカマツ・コナラ・クリなどが侵入してきて、落葉広葉樹林の方向に進むと思われる場合（関東以北の例）もあるし、ヤブツバキ・ネズミモチ・アオキ・オオバジャノヒゲ・ヤブコウジ・ナンテンなどがふえて、照葉樹林の方向に進む場合（西南日本の例）もある。

また、となりにスギの造林地があったりすると、竹にとっての好条件と似ているので、スギ林の方に竹が広がっていくこともある。いずれにしても管理がなくなると、竹林はそこでの自然の遷移のなかに解消し、木竹混交林の形である期間継続したり、別の土地を求めて動いていったりすることが多い。

竹やぶにはときどきクマガイソウの群落が見られる。そのほかチヂミザサ・ササガヤ・キチジョウソウなど、浅い根茎やほふく茎をもつような生活型の植物が草本層をつくる。これらは半陰地を好む種類であり、上層の林冠と地下やや深いところを生活域にもつ竹とは、空間をすみ分けている。竹林が衰えて林冠が開き林床が明るくなると、ススキ・アズマネザサなどが林床を占める。これは遷移の逆行を示すが、林床植生のタイプで遷移系列上の位置も推測できる。それはまた竹林の良さの指標にもなる。

たとえば京都の原生竹林では、草本層にはジャノヒゲ・トラノオシダ・クマワラビなどが優占する。愛知県豊橋では、最も老成した竹林ではキチジョウソウ・ジャノヒゲなどが優占する。林冠が密に混んだ状態では木本の

↑京都から大阪にかけての地方に多く見られるマダケ・モウソウチクの竹林　(1974，京都府長岡京市)

侵入は抑えられている（上田・沼田、一九六一。倉内、一九五二）。

一九五三年ごろから全国でマダケ林のいっせい開花が始まり、一九六六年ごろをピークにしだいにおさまってきた。マダケの開花は一〇〇年くらいの長い間隔で見られるので、たいへん珍しがられた。開花後、竹林は枯れるので、病気だと思う人もあるが、テングス病などとは違い、一代の寿命が終わるときに咲くのである。もっとも地上部は枯れても、地下茎の一部の節は生きていてそこから再生し、徐々にもとの竹林に回復していく。

[Note-2001]
最近は竹材の利用が減少した。その影響で竹林が放置され，竹は地下茎により周囲へ増殖した。造林地や二次林内にも侵入し，山林が竹に圧倒されている光景をよく目にする。

**↑よく管理されたモウソウチク林の内部**　伐竹や下刈りが欠かせない（1974，京都府長岡京市）。

**↑丘陵地の急斜面のマダケ林**　地形的極相に近い状態で持続される。林床には常緑樹が見られる（1958，京都市三鈷寺）。

# 46 マント群落

山地帯でブナやミズナラの林を抜ける道路があると、道路沿い（つまり林縁）にシラカンバやムシカリ、ヤマハンノキなどの小低木林が帯状にできているのを見ることがある。亜高山帯で、コメツガやシラビソの林縁に、ダケカンバやミヤマヤナギなどの低木の密生しているのを見ることもある。

このように、林縁には森林本体とは違った群落のできるのがふつうであり、これを森林の側から見てマント群落とよぶ。マント群落は、森林の付属器官ないしは森林破壊に対する治癒組織にもたとえられる。

森林が成長するにつれて、その周りにはある範囲の空間が生じる。この空間を埋めて成立するのがマント群落であり、一種の空間的すみ分けといえる。

斜面にマツやスギの造林地があり、下が田畑や道路に接しているようなところでは、林の下縁にマント群落の帯が明瞭に認められる。それは、コナラ・クリ・ヌルデ・クワ・クサギ・エゴノキ・ゴンズイ・ガマズミ・アカメガシワ・ツリバナなど、多くの種類の混生した低木林である。これらは先駆的に出現する樹種であり、その群落は遷移初期の林に相当する。ときには、このマント低木林の外縁にさらにいくつかの帯の認められることもある。アズマネザサやススキに小低木を交えたやや高茎のゾーン、ヒメジョオン・カゼクサ・ヤハズソウなど路傍植生のゾーンなどがそれである。木本性のマントの外側に接する草本性の群落を、ソデ群落ともいう。細かく見れば群落は何重かのマントに包まれ、それぞれがすみ分けている。

このような各ゾーンは、ちょうど遷移の系列に一致し、外縁から内方へ、より遷移の進んだ群落が配列されている（沼田ほか、一九六九）。

また、台地上に造林地があり、そのマントにあたる林が台地斜面全体に発達しているところがある。関東平野の例では、コナラ・イヌシデ（あるいはアカシデ）・クヌギ・シラカシなどのいわゆる雑木林がおおい、その外縁には右のような混生低木林のマントができ

**↑道路建設によって生じた斜面の裸地にできたマント群落**　ダケカンバ・シラカンバ・ヤマハンノキなどが育ち始めている。後方は既存の針葉樹林（1974，長野県上高地付近）。

る。ほとんどが二次林ではあるが斜面全体がりっぱな自然林であって、これらは平野部において保全すべき大きな緑地である。

観光道路の建設にともなう森林破壊がしばしば問題になるが、道路の両側にできた空間にマント群落の育成を図ることは、植生保全の上から必要なことである。遷移系列から考えれば、路傍の草本や幼木の群落などもみだりに除去すべきではない。先駆群落があってはじめて極相林への道も通じるのである。

◆台地斜面における群落模式図
（1970，千葉県印西町）

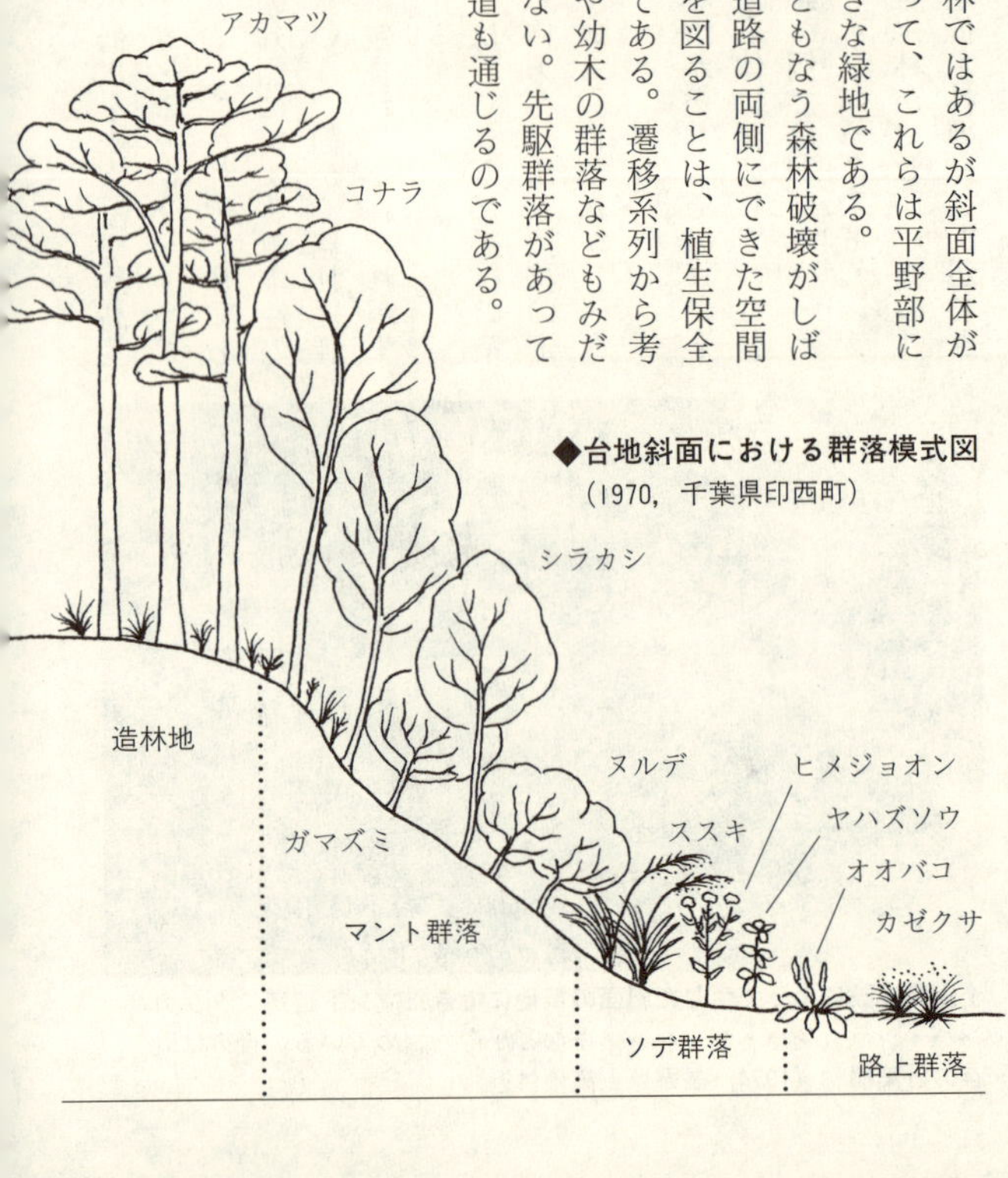

**↑右ページの模式図の場所**　斜面のマント低木群の外側に高茎の草のゾーン，さらに低い丈の草のゾーンと帯状にすみ分けて，マント群落を構成している（1970，千葉県印西町）。

# 47 畑の雑草(1)

農耕地・造林地・牧草地・庭園など、人間が一定の管理をする土地に、利用目的以外の植物が入り込んだ場合、それらを一般に**雑草**と呼ぶ。

狭義の雑草は、人間の長年の耕作活動によって培われた耕地雑草で、いわゆる野草とも、人里植物とも区別される。

耕地は、毎年耕うん、施肥、作付け、収穫などの人為作用がくり返される。雑草はこのような条件下に、作物との結びつきを保ちながら生活する。したがって耕地の群落を、作物-雑草系としてとらえることもできる。

耕地は雑草にとって本来の生活域なので、人間が管理の手を緩めればたちまちそこは雑草におおわれる。さらに放置すれば(つまり耕作の条件がなくなれば)、人里植物や野草が侵入をはじめ、かえって雑草は衰退していく。

植生帯と気候帯の関係は他の項目でも触れてきたが、人為作用によって、つねに遷移の初期段階にある耕地の雑草群落では、植生の地域性は自然植生にくらべてはるかに小さい。北海道から九州まで、同じ実験計画で畑地における雑草群落の形成過程を見ていくと、種類組成では類似性の高いことがわかる。

しかし、例えばアキメヒシバのようなある特定の種の成長曲線を調べてみると、生育期間の温度の違いによって地域差が生じる。

◆アキメヒシバの成長曲線

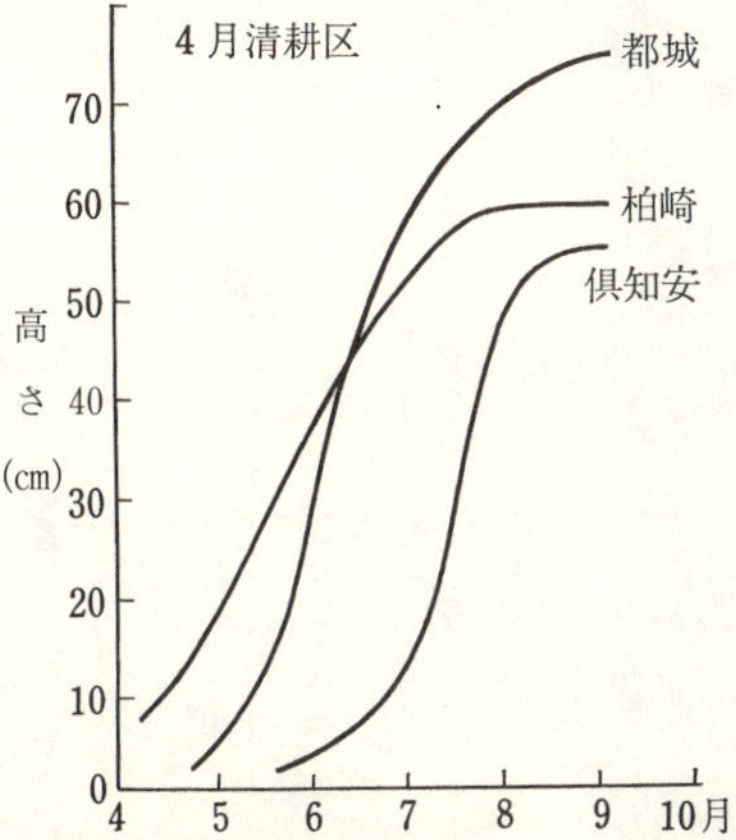


普通種の雑草であるアキメヒシバを、月ごとに高さの成長を測って比較したもの（沼田、一九六五）

↑夏の畑に最もふつうのメヒシバ群落　（1970，千葉県市川市）

日本における畑地雑草は三〇〇余種といわれるが、作物に対するこれらの作用のしかたはまちまちであり、雑草すなわち作物の強害草ということはない。

メヒシバ・アキメヒシバ・オヒシバのように、北海道から沖縄まで広く優占種となり得る種もかなり多いが、地域的に優占する種もある。エゾヨモギ・エゾタチカタバミ（北海道）、オガサワラスズメノヒエ（沖縄・小笠原）、ベニバナボロギク・ムラサキカッコウアザミ（沖縄・南九州）などの例がある。帰化植物が局地的に多発して害草となった例（フラサバソウが九州の一部で畑に繁茂した）もある。

畑地雑草は大部分が一年草である。このうち、メヒシバ・イヌタデ・シロザのような夏性一年草、スズメノカタビラ・ヒメムカシヨモギ・ナズナ・ホトケノザのような冬性一年草（越年草）がある。コハコベ・ナズナ・ノボロギクなどは、耕作条件によって冬性であったり夏性であったりする。

**↑春先のネギ畑の雑草**　ネギに沿って，うねの上の部分にはホトケノザが，下の部分にはハコベがと，生え方に微妙な違いがある(1975，千葉県八千代市)。

# 48 畑の雑草(2)

畑にできる雑草群落は、耕作条件のわずかな違いによってその組成に影響が現れる。同じ畑でも、うねの上とうねの間とで差の出ることもある。北海道のジャガイモ畑では、うねの上にはツユクサ・アカザ・イヌタデなどが、うねの間にはスギナ・メヒシバ・スベリヒユなどが出やすく、またハコベ・タニソバのように両方に出やすいものもある(桑原義晴、一九五六)。

千葉県のある畑での観察では、耕作を止めた直後の春には、うねの上にイヌタデが、うねの間にはカナムグラが生じ、両者が交互に帯状の群落をつくっていた。翌年の春には大部分はカナムグラにおおわれたが、一部にヒメジョオンやヨモギの侵入が始まった。三年目にはヒメジョオン・ヨモギそれにセイタカアワダチソウの交じった群落となり、その翌年はセイタカアワダチソウの優占する群落となってしまった。その後はさらにアズマネザサとススキが侵入して広まっている。

耕作停止あとに先駆的に出現する種の性質としては、

(1)種子の重量が比較的重いこと

(2)低温期間の作用がある程度発芽促進を示すこと

(3)種子集団がいっせい発芽的であることなどがあげられる（林一六・沼田、一九六七）。菅平高原での観察（林、一九六七）では、この条件に合うものとしてハルタデがあり、先駆種としてハルタデ群落ができている。低地ではメヒシバ・シロザ・エノコログサなどが同様の条件を備えている主なものである。

ハルタデ群落のできるのは、秋から春にかけて裸地化された畑である。雑草群落形成の出発点がどの季節であるかは、初期の群落組成に影響する。隣り合わせの畑でありながら、一方がメヒシバ群落、一方がヒメムカシヨモギ群落という例があるのも、出発点の違いによることが多い。

季節別に畑を清耕（よく耕して肉眼的な植物体を除く）し放置する実験区を設けると、

**↑ナズナの群落（左）とメマツヨイグサやシロザの若い群落（右）**
どちらも前年に収穫した畑で左はダイコン畑だった。境目にヒメムカシヨモギが伸びている（1971，長野県小諸市）。

それぞれ初期に形成される群落の違いを調べることができる。たとえば、秋から冬にかけての清耕区では、スズメノテッポウ・スズメノカタビラ・ナズナなどの冬型雑草が優占し、冬から春にかけての清耕区では、メヒシバ・シロザ・エノコログサなど夏型雑草が群落をつくる。夏から秋にかけての清耕区では、しばしばヒメムカシヨモギ群落となる。この傾向は日本各地でかなり普遍的であるが、暖地へいくにつれて、清耕時期が多少ずれても夏型雑草群落ができやすくなる。

畑地雑草をフロラ的に見れば、北海道と本州以南という地域性がある。しかし、群落的に見ると優占種は北も南も大きな差はなく普遍的である。群落の遷移が進むにつれてこの傾向は収れんし、地域性を帯びてくるようになる。

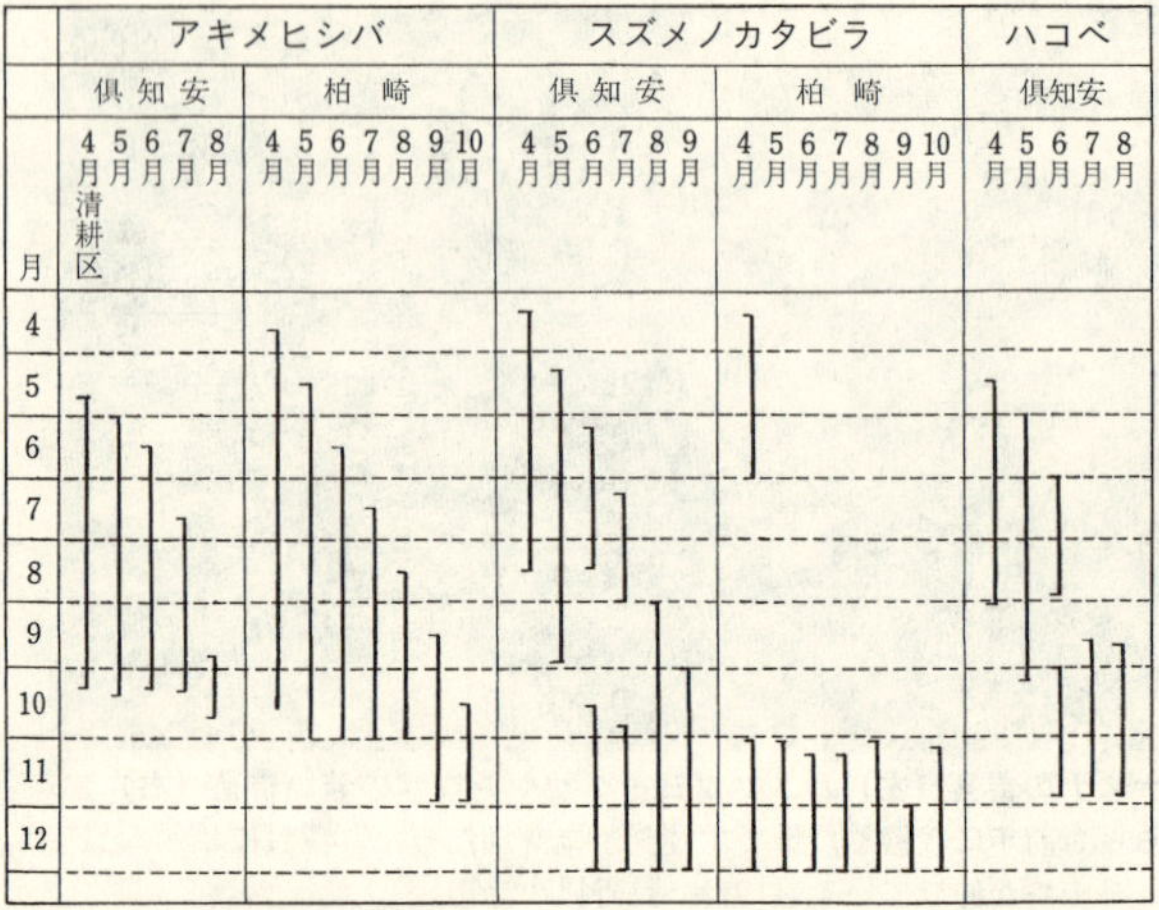


(沼田，1965)

◆清耕時期と生育期間との関係

**↑ヒメムカシヨモギの群落**　ここは前年夏までは耕作していた畑地（1972，千葉県四街道町）。

**↓ヒメジョオンの群落**　休耕3年目の畑地（1973，千葉県八千代市）。

# 49 水田の雑草(1)

水田は毎年定期的に耕耘《こううん》し、水をたたえ、代《しろ》かきをし、やがて排水する、といった作業がくり返される。これはイネの栽培条件であるが、一般の植物の環境からすれば特異なものである。この条件に適合しているのが水田雑草である。

水田雑草の多くは、熱帯植物であるイネが移入されたさい、これに随伴して渡来したものと考えられる。外国でもイネ栽培の適地とその栽培条件は類似しているため、水田雑草には共通種が多い。たとえばネパールの亜熱帯地域にある水田でも、ノビエ(イヌビエ)・タネツケバナ・スズメノテッポウ・アカウキクサなど、日本にも普通の種類が生育している。

水稲の栽培期間から日本を地域区分すると、北海道と東北の一部の北日本型と、関東以南の南日本型に大別され、これに加えて沖縄の二期作地域が区別される。水田雑草には普遍種が多いが、フロラ的にはほぼこの区分に対応した分布が見られる。

雑草の生育季節を見ると、これもイネの栽培様式との関連が深い。イネの栽培期間と複合する夏草(コナギ・ミズガヤツリ・イヌビエなど)と、イネの刈りとり後に現れる冬草(タネツケバナ・スズメノテッポウ・タガラシ・カズノコグサなど)とがある。夏草優占期間は北日本型の地域で六~九月、南日本型の地域で五~十月となっている。ただし関東地方の一部のように、早生の品種の地帯では、取り入れが早いため、九月ごろすでに冬草の期間に入ってしまう例もある。

日本の水田雑草は約一九〇種といわれるが、これらのなかには、直接イネと競合するものもあるが、あぜの周辺に生育するものも多く含まれる。後者は狭義には雑草ではなく、むしろ水生植物か湿生植物の範囲になるが、耕作という人為作用が緩めば、水田内へ広まる可能性をもっている。

農業上の強害草とされるものが三〇種ほどある。しかし害草とか強害草とかいっても、やや漠然とした概念である。イネと雑草とがともに水田の群落を形成しているので、作物に対して害があるかどうかは、両者の生態的関係によって変動する。強害草といわれる種でも、それが優占しない限り大きな害をもた

**↑冬越しの水田雑草**　ハルジオン・ヒメジョオン・タネツケバナ・ノボロギク・ハハコグサなど。基盤整備の進んだ水田の雑草は畑の雑草の組成に似てきた（1998，千葉県八千代市）。

らすことはない。また雑草とイネとの間に、空間的あるいは季節的なすみ分け関係が成立する場合は強害草とはならない。冬草はイネに対する直接の作用はないし、むしろすき込まれれば緑肥的な意味をもつ。水田雑草の防除は、これらのことを考慮に入れた方法がとられている。

**←春先の水田の雑草**
ここは冬に耕耘されている。スズメノテッポウやスズメノカタビラなどが多い（1999，千葉県八千代市）。

# 50 水田の雑草（2）

水田の強害草としてやっかい視されるものに、俗にノビエと称されるイヌビエ類がある。水田管理のきびしい淘汰の目をくぐりぬけてきた雑草には、それなりの適応力がある。イヌビエ類（ケイヌビエ・タイヌビエ・ヒメタイヌビエなど）のうち特にタイヌビエは、形も生育様式もイネによく似ており、除草剤に対する抵抗もイネと共通している。これは作物擬態の一種である。

それでも湛水時の水深が生育初期に及ぼす影響は、イネよりもノビエの方が大きい。その違いを利用すれば、防除の効果をあげることができる。時期を逸すると、一面にノビエの出現する田になることもある。

◆水田群落の生産構造図（生嶋，1963）

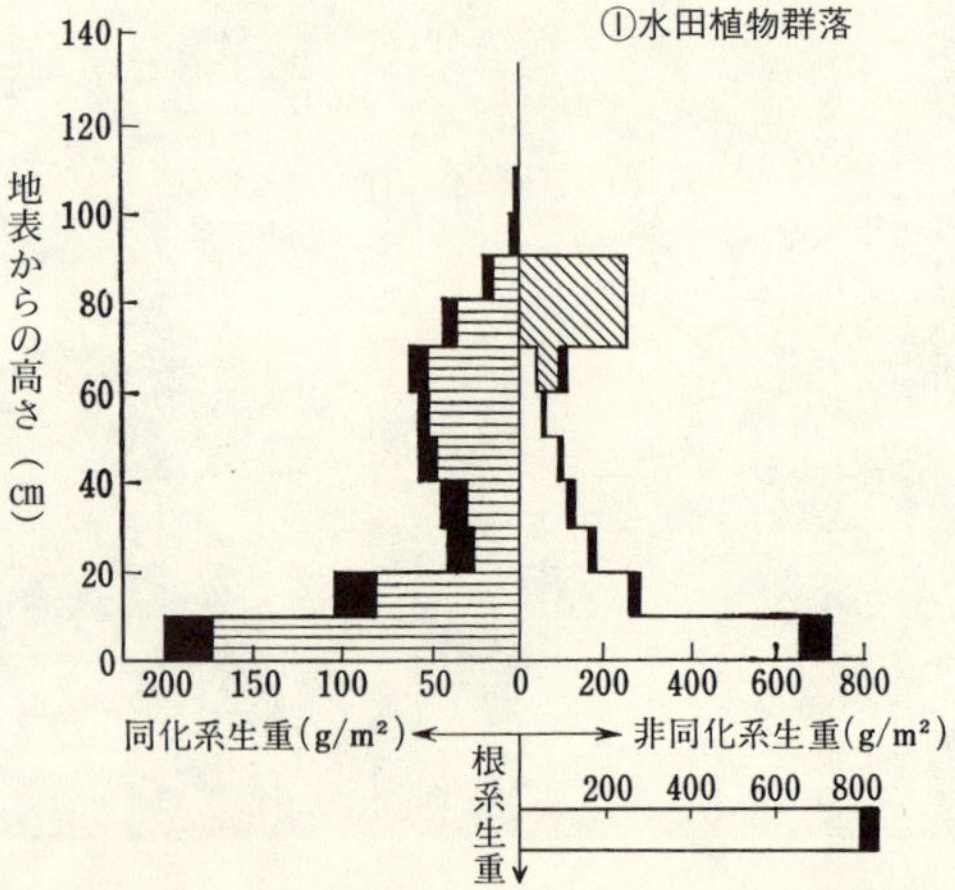

層別刈りとり法によって水田群落の生産構造図を作ると（生嶋功、一九六三）、イネの方はもちろんイネ科型を示すが、雑草の方もイネ科・カヤツリグサ科が多いため、全体としてもイネ科型を示し、この面からも両者の競争がうかがえる。

イネの下層にコナギ・キカシグサなどの広葉型の群落ができると、イネの葉（同化層）は上層に追いやられて、生産構造はやや広葉型に近い傾向を示す。この場合は、両者の垂直的なすみ分けができているようでも、地下部ではかなり激しい競争があって、やはりイネの収量に影響が現れる。

水田の耕作が行われている間は、雑草群落の季節変化も規則的である。乾田と湿田とではやや違いがあり、湿田が乾田化されることによって群落組成も変化する。

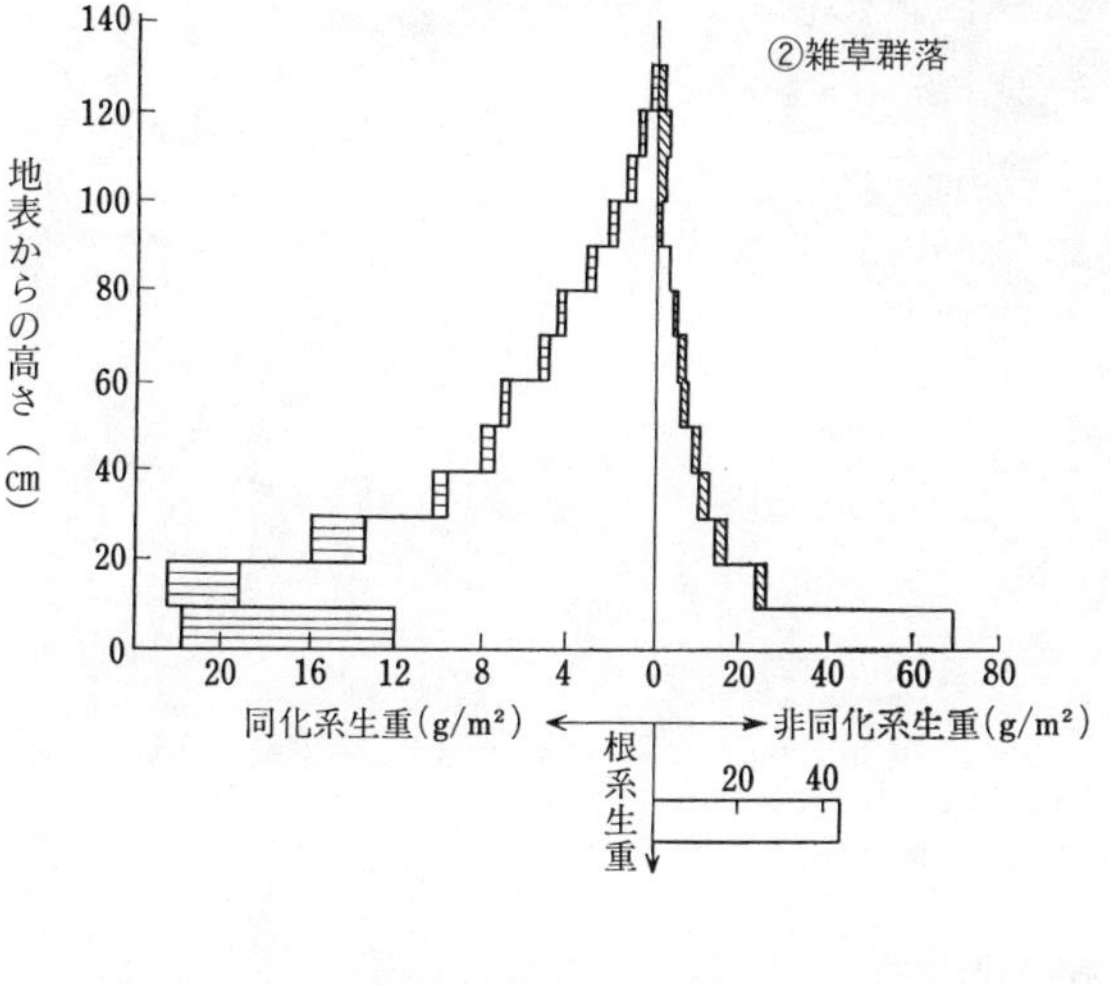

千葉県の早作地帯の水田の例をとると、雑草群落の優占種は次のように変動している(篠崎秀次、一九六五)。

乾田では、五~七月にはコナギ・タイヌビエが、八~九月にはタイヌビエあるいはケイヌビエが、十~四月にはスズメノテッポウ・タネツケバナ・スズメノカタビラなどがそれぞれ優占する。

湿田では、五~十月にミズガヤツリ・コナギが、十一~三月にはタネツケバナ・スカシタゴボウ・スズメノテッポウなどがそれぞれ優占する。

[Note-2001]　近年は水田の基盤改良が進み、イネ収穫ごろから水を落とし、翌春まで乾燥状になる田が多い。そのため越冬型の雑草群落に影響が現れ、タネツケバナ・タガラシなどが減少し、畑の雑草群落的になっている。

**↑イネの間に出るタイヌビエ**　いわゆるノビエ。イネと形や性質のよく似た作物擬態を示す雑草(1973, 茨城県竜ケ崎市)。

↑イネの根元に生えたコナギ　(1974，千葉県銚子市)

↓水田のあぜ道や湿地を好むタウコギ　(1974，千葉県銚子市)

# 51　休耕地での遷移（1）

近年農耕地を他へ転用する傾向が強まって、各地に休耕あるいは耕作放棄のところが増えている。都市周辺ではこの傾向が特に顕著で、至るところに荒廃した田畑がみられる。耕作という規則的な人為作用が停止すれば、抑えられていた雑草の生育が盛んになるが、それも束の間で、群落の交替は急速に進行する。そういう意味では、身近な場所に観察できる遷移の例でもある。

ここでの遷移は、原則的には〈一年草群落→越年草群落→多年草群落〉というコースをとるが、必ずしもこの通りではなく、順序を飛びこえたり、ある途中相が長く持続したりする。少し細かな目でみれば、同じ生活型に

**↓成長を始めているヒメムカシヨモギ**　（1971，千葉県市川市）

**↑ヒメムカシヨモギのロゼット**　畑の周りや休耕初期の裸地に出やすい（1969，千葉県八千代市）。

属する種どうしにも微妙な入れ替えのあることがわかる。

休耕畑についてみると、スタート段階では、メヒシバ・オヒシバ・イヌビエ・シロザなどの耕地雑草が優占するが、二〜三年のうちには人里植物にとって代わられる。生活型からいうと、ロゼット（葉が地表に放射状に出た状態）で過ごす時期と直立茎をもつ時期とを兼ね具えるもの（一時ロゼット型や偽ロゼット型）が有利である。その例としては、キク科のヒメムカシヨモギ・オオアレチノギク・ヒメジョオン・ハルジオンなどがあり、これらは休耕初期に大いに勢力を振るう。

これらの種の間にも若干の生活の違いが観察される。たとえばヒメムカシヨモギは畑の裸地に先駆的にロゼットをつくりやすいし、オオアレチノギクやヒメジョオンのロゼット

**↑ヒメムカシヨモギ群落の枯れたあと**　その下に出ているのはオオアレチノギクのロゼット。ヒメムカシヨモギのロゼットは見られない（1972，千葉県習志野市）。

は、群落の既存する中にも生えやすい。このような差は遷移初期の群落構造の違いをもたらす。

休耕が数年以上続けば、多年草が勢力を増すのが普通である。ヨモギは比較的早い時期に侵入するが、やがてはススキ・ネザサ（あるいはアズマネザサ）・チガヤなどが優占するようになる。放置すればススキの勢力がのび、刈りとりをくり返すとササの勢力がのびる傾向がある。

関東南部から西の各地で勢力を振るう多年草がセイタカアワダチソウである。休耕田や適度に湿った休耕畑には、三〜四年のうちにこれにおおわれた例が多い。多年草期においてススキやネザサと競争するのをしばしば見かける。乾燥した場所ではススキが徐々にセイタカアワダチソウを抑えるが、湿ったとこ

↑放棄した畑のあとにできたセイタカアワダチソウとススキの群落（1970，千葉市）

ろではセイタカ優占の状態はかなり長く保たれる。これはセイタカアワダチソウの生活型の有利さのほか、浸出する他感作用（アレロパシー）物質のためでもあると考えられる。

さらに長期の放棄地では木本の侵入が見られる。エノキ・アカメガシワ・クサギなどが主な先駆樹種である。

関東地方の例では、休耕後一〇年という畑あとで樹高三メートルほどのエノキ林ができている。また沖縄の南部のパイン畑あとでは、放置後四～五年でチガヤ草原の中にアカメガシワが樹高三メートルほどの疎林をつくる例もある。

**↑右の写真と同じ群落の3年後のようす**　ススキの勢力の伸びているのがわかる（1973，千葉市）。

**↑休耕後10年を経た放棄畑**　エノキが侵入し樹高３ｍほどに成長している（1973，千葉市）。

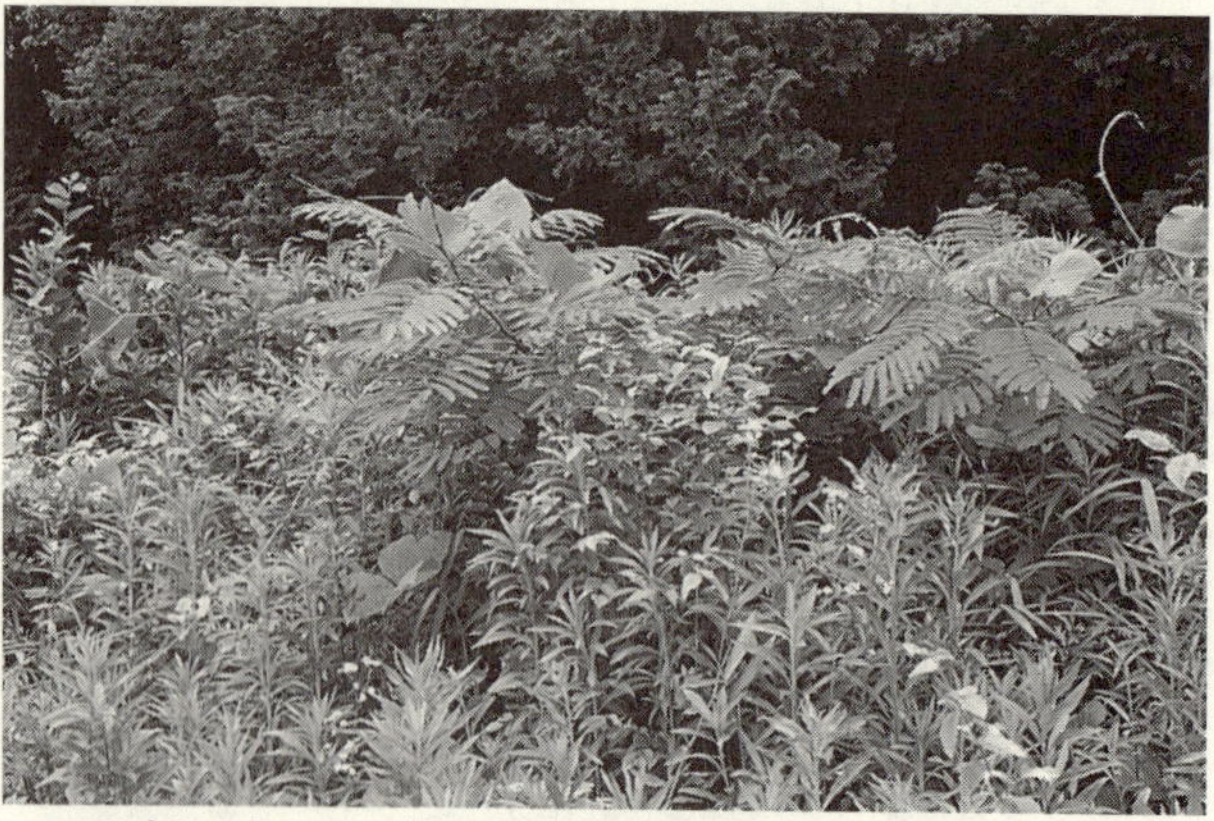

**↑放棄畑に侵入してきたネムノキ**　河原や荒れ地に一番乗りするネムノキは，休耕畑にも早くに入り込む（1998，千葉県鎌ケ谷市）。

**↑パイン畑を放棄して4，5年経たところ**　チガヤ・ワラビ・ススキなどの群落に，アカメガシワの侵入が目立っている（1970，沖縄県西表島）。

## 52 休耕地での遷移（2）

一九七〇年前後にコメの生産調整の政策がとられ、多くの水田が休耕の対象となった。すでにそれ以前から都市周辺の水田はさかんに他へ転用され、そのあおりを受けて休耕田が続出した。

休耕田では、栽培にともなう水位の調節を図ることがなくなり、一般に土壌は乾燥化の傾向にある。それにともない群落組成は畑地あとの場合に似てくる。

休耕後一年ぐらいはまだ水分が保たれ、イネに随伴する水田雑草を主とした群落が形成される。タイヌビエ・ケイヌビエ・ムツオレグサ・コナギ・オモダカ・ウリカワ・イボクサなどの一年草が多い。そこへ耕作中にはあぜの周りにとどまっていた雑草、セリ・ミゾソバ・アカバナ・アメリカセンダングサ・タウコギ・イ・タマガヤツリなども進出して、休耕初期には種類は豊富である。

二〜三年を経ると、後者の種類が勢力を増し、優占種の被度が高くなって種類組成は単純化する。初めの水田雑草は短期間で減少することになる。土壌の乾湿は群落構造に影響を与え、地面の高低によって群落がモザイク状になる。たとえば低地にはセリやアカバナの群落が、やや高い地にはアシカキ・チゴザサ・コヌカグサなどの群落ができるような区分ができる。

その後に、クサヨシ・ガマ・ヒメガマ・ヨシなど抽水植物が侵入し、湿性の休耕田は大部分がヨシやガマ群落へと遷移する。

乾田状態に放置されれば、湿生植物は急速に減少し、畑地性あるいは人里性の雑草が増加する。土壌の乾きの程度や、周辺からの種子の供給のされかたなどに左右されるので、群落組成は一定しない。メヒシバ・アキメヒシバ・アシボソ・ニワホコリなどの群落ができる場合、ヒメジョオン優占群落ができる場合、あるいはハルジオン優占群落ができる場合などがある。帰化植物の少ない地方では、キツネアザミの群落なども見られる。

そして数年以上を経れば、オギやススキ群落へと遷移するコースが多く、ときにはヤナギ類・エノキ・ハンノキなど木本類の侵入も

**↑休耕 2 年後の水田**　セリ・タネツケバナ・アカバナなど，耕作時には畦畔にあった雑草が優占している。一部にすでにヨシの侵入が見られる（1973，千葉県市川市）。

起こる。

セイタカアワダチソウは、やや乾いた休耕田にも旺盛な侵入ぶりを示す。関東以西ではこれの密生した休耕田がかなり多く、耕地へ復元する場合の難点ともなる。

休耕地に生育する群落の草丈（構成種の平均値）、植被率、根系型をそれぞれ強害度の階級に当てはめ、その数値を総和して休耕地の荒廃度を表示する指数（荒廃度指数）とする試みもある（桑原、一九七五）。

**↑数年間は放置されたと思われる水田あと**　ススキ・ヨモギ・チガヤ・コブナグサなどの優占する群落となった。ほかにヤハズソウ・コウゾリナ・ヒメジョオンなど種類が多い。数本の低木は，周辺部から侵入をはじめたヤマハンノキ（1974，山梨県忍野村）。

# 53　人里植物

人為的な土壌の攪乱や施肥が規則的にくり返されるところは耕作地である。耕作地には、作物につきまとう雑草が生育する。耕作地とは別に、土地の攪乱や植生の破壊が大小、不規則に加わる、つまり絶えず人間の息のかかる土地というのが身の周りにはたくさんある。このような環境を生活の場としているのを**人里植物**とする。

いわゆる野草は、耕作地や人里を好まない植物である。人里植物は、野草と雑草の中間に位置する。たとえば畑は雑草の生活域であり、農道は人里植物の生活域である。耕作が続くうちは、人里植物が作物の間に入り込んで雑草となることはほとんどないが、休耕すれば侵入をはじめる。

人里植物の生活域拡大の主なルートは人のつくった道である。市街地の歩道で、コンクリートのすき間からのびるオヒシバやハルジオンのすがたを見る。踏みつけ圧を受けて、地面に張りついたような形となっている。路上に群落をつくる人里植物は、踏みつけ圧に強い形態をもち、また固められて通気の悪い土中でも種子の発芽しやすい性質をもっている。

山へ入ると登山路の中央や縁の部分に、オオバコやクサイなどの群落が細長く続くようすもよく見かける。登るにつれて減少するオオバコも、山頂近くなると急に増加する。山小屋

**↑歩道のコンクリートのすき間から出たオヒシバ**　(1970，千葉県富津市富津公園)

の周辺や、人々の休息地となるところには、必ずといってよいほどオオバコ群落が出現する。オオバコは平地から亜高山帯上部まで幅広い分布を示すが、これは自然植生が人為攪乱を受けたあとを埋めたもので、典型的な人里植物である。その種子はぬれると粘着力を示し、人の足に付着して散布される。

**◆登山道路中央に帯状に群落をつくる植物（丹沢山塊）**

| | |
|---|---|
| **オオバコ** | **カゼクサ** |
| **クサイ** | **スズメノカタビラ** |
| **ヨモギ** | イタドリ |
| **メヒシバ** | スズメノヒエ |
| **ノコンギク** | イヌコウジュ |
| **ハコベ** | ゲンノショウコ |
| **コナスビ** | ハナタデ |
| **アシボソ** | チチコグサ |
| **ヒメジョオン** | |

＊太字は人里植物

**◆檜洞丸山頂から石棚山へ下るとオオバコが減少することを示す図**（神奈川県丹沢山塊，小滝・岩瀬，1964）

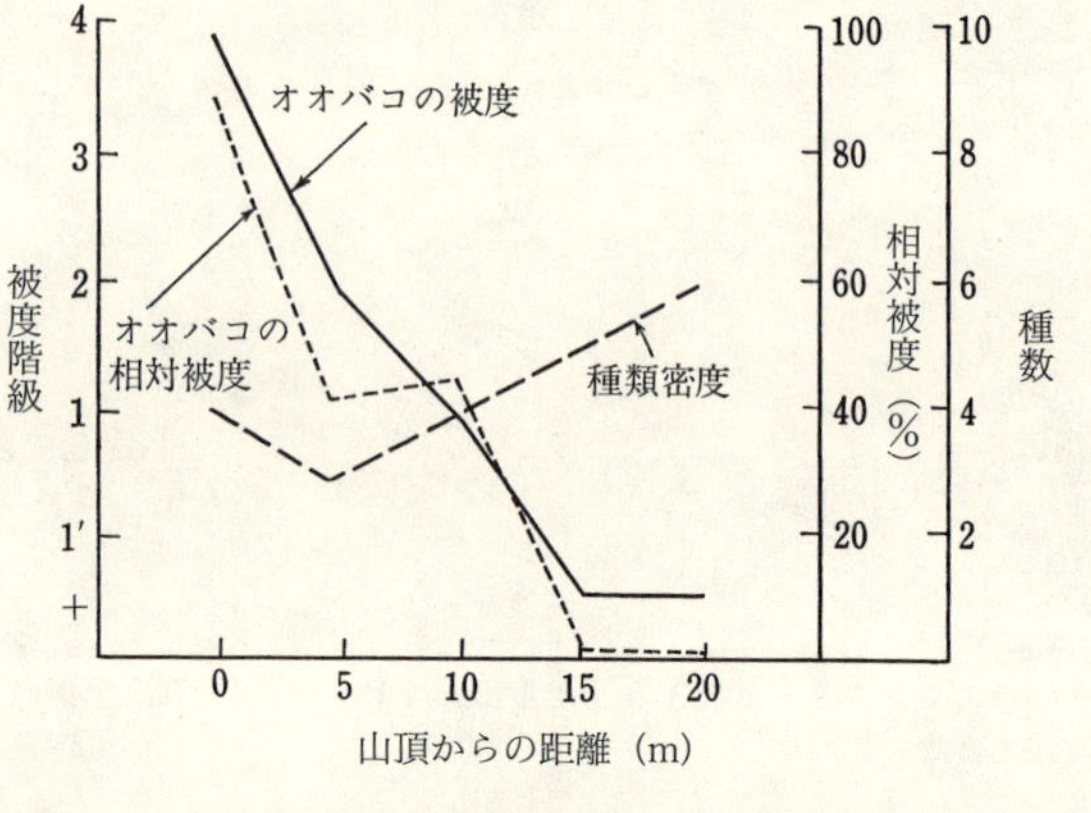

尾瀬ケ原の荒廃ぶりを示す例証として、湿原の木道沿いに平地のオオバコが入り込んでいることがあげられる。人の踏みつけによって湿原群落が傷められたあとに、オオバコが侵入したものだが、これを見てただちに湿原がオオバコによって占められるであろうと考えるのは早計である。人里植物がそれ自身の力のみで自然植生の領域に割り込んでいくことはきわめて困難であり、たいていは人手を借りて広まるのである。湿原の荒廃が進めばオオバコも拡大する。人里植物の生育状況をもって、攪乱の指標とすることができる。

人里植物群落地から人為作用がなくなれば、しだいに優占種の交替が起こり、やがては野草が進出して人里植物は衰退の傾向をたどる。山地の廃道ではこのような遷移の過程が観察でき、オオバコのようなロゼット植物

**↑山地帯の草原の間にできたオオバコとクサイ群落**　人が歩くのにともなってできる代表的な人里植物群落（1971，長野県霧ケ峰）。

は衰退するのがわかる。
富士山においては、森林限界以上では植生がまばらになるが、山小屋の周辺だけは決まって密な群落ができる。それもイタドリのようなもっと低いところに分布する種類が優占種となる。山小屋という人為施設によって土壌が安定し、また人の往来によって植物が引き上げられる例である。ここを拠点にして植被の増大をもたらすことにもなる。山小屋周辺群落も人里的植生の一種である。

[Note-2001]
利用者の減った富士山吉田口登山道の山小屋は，今は全て廃屋となっている。かつて小屋の周囲に多かった人里植物は，オオバコ・コウゾリナなどを残して衰退し，イワノガリヤス・シロバナヘビイチゴ・ヤマトリカブト・ヤグルマソウなど山地性草本の群落に変わりつつある（写真左下)。

↑**踏みつけや刈りとりの加わる学校のグラウンド**　セイヨウタンポポやハルジオンのロゼット，ほふく型のギョウギシバなどの群落(1998，千葉県八千代市)。

**↑富士山の山小屋の周辺にできたヨモギ・ヤマヨモギ・イタドリなどの群落**　（1970，富士山５合目）
**↓廃屋となった富士山の山小屋周辺**　人里植物はすっかり衰退した（1998，富士山吉田口３合目）。

# 54 帰化植物の生活(1)

もともと帰化とは人間が他の国に移り住み、そこの国籍を取得することをいうが、これを植物の分布に当てはめて、外国から渡来して日本に定着するようになったものを帰化植物と呼ぶ。日本は島国であり、自然環境によって培われてきた固有の植物相(フロラ)が保たれやすかったが、人間の移動や文化の交流にともなってこの植物相が大きく乱されるようになった。

古代に南方からイネなどの作物が伝えられたとき、それらに随伴して渡来した雑草がいくつもあったと想像される。これらを「史前帰化植物」(前川文夫、一九四三)と呼ぶこともあるが、いまでは全く在来の植物同然となっている。その後も少しずつ渡来は続いたはずであるが、江戸時代末期から明治にかけて急激な増加をみた。そして現在に至るまで、新たに渡来する植物は増える一方である。ふつうに帰化植物といえば、これら新しい時代のものを指している。

渡来の方法には、利用の目的で輸入されたものが逸出して野生化する場合と、他物に付着・混入して潜入する場合とがある。両者の区別の困難なこともあるが、大部分の帰化植物は後者である。

貿易港の構内、臨海工業地帯、輸入物資の倉庫の周りなどに、新しい外来種が多く発見されるのは、現に渡来のルートの存在することを示している。このような場所を一次帰化地とする。一次帰化地は最も人為攪乱の激しい地域であり、在来の群落はほとんど残されていない。

種子が渡来のチャンスを得ても、それが発芽成長できるのは一部であるし、たとえ成長できたとしてもそのまま消滅してしまうものも多い。

たとえば輸入羊毛や輸入穀類を見ると、混入種子はおびただしいがそれが直ちに帰化植物になるとはいえない。これらを扱う工場の構内や周辺には、外国産の植物が見つかって興味深いが、外部へ分布を広める例はめったにない。

↑主要な道路沿いに増加しているセイバンモロコシ（1996，千葉県大栄町）

↑埠頭近くの倉庫のそばにできているセイバンモロコシの小群落（1971，東京都晴海）

新帰化植物発見の報告は絶えず行われているが、その多くは一時帰化（仮帰化）の段階のものである。成長後種子生産を行って生活環をくり返す段階に達したものが、本当の意味の帰化植物となる。したがって渡来種がフロラの一員となるかどうかは、継続した観察を待たねばならない。

一次帰化を終えた種類の中には、積極的に分布拡大の方向をたどるものもある。これを二次帰化とする。二次帰化も人為作用にともなって進展するのが普通である。この点からみれば、帰化植物も人里植物のカテゴリーに入るのである。

**◆帰化の段階のモデル**（岩瀬・小滝, 1958）

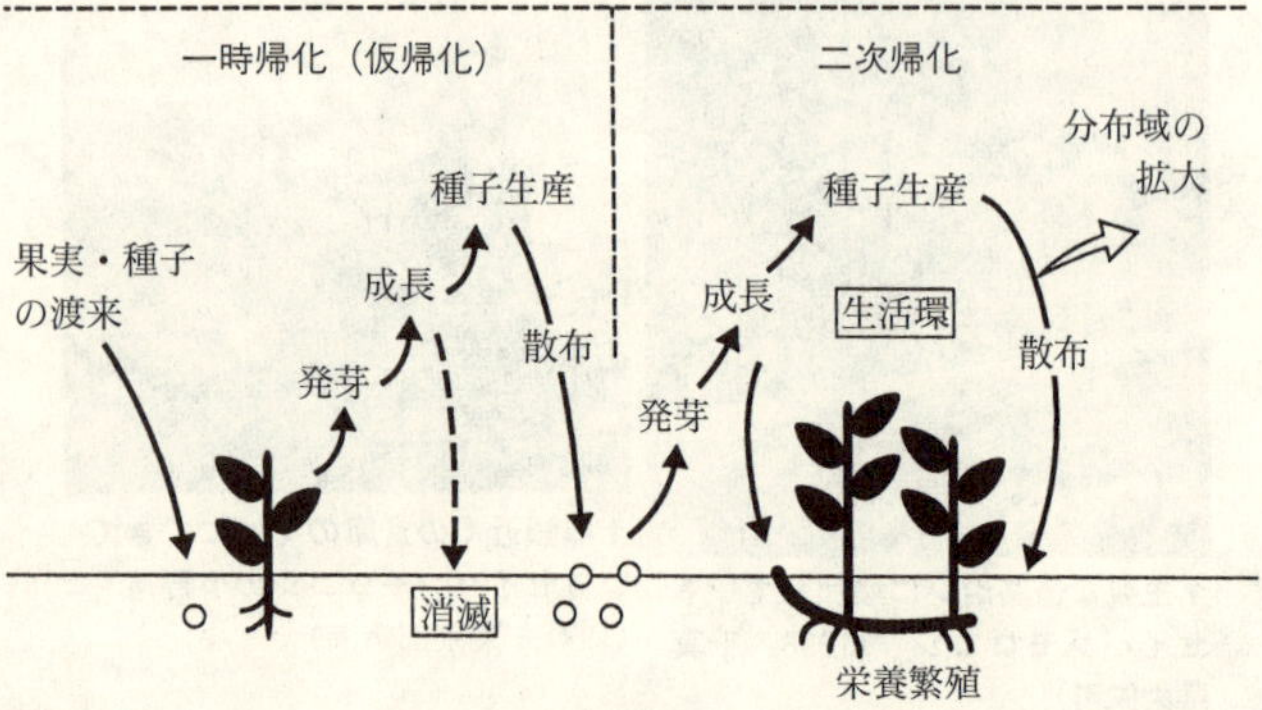

**↑人家の垣根にまといついたマメアサガオ**　そばに輸入ダイズを扱う倉庫がある（1973，千葉県市川市）。

**↑畑に出現したイチビ，アメリカキンゴジカなど**　輸入飼料による家畜の糞に混入した種子が広まっている（1995，千葉県大栄町）。

# 55 帰化植物の生活(2)

明治の初期以降渡来した種類は多数あったが、そのなかにはその後全国的に分布を拡大したものがいくつもあった。ヒメムカシヨモギ・オオアレチノギク・ヒメジョオン・オオマツヨイグサなどがその例である。これらの分布拡大には鉄道線路が大きな媒体となった（鉄道草の異名をもつものもある）。鉄道のもつ要素が二次帰化の条件に合うわけで、この傾向は長く続いたが、近年は急速に発展した自動車道の沿道が有力な二次帰化地になっている。

ある地域の植物の全種類数に対する帰化植物の種類数の比（パーセント）を、帰化植物率（帰化率）という。帰化率を指標にして地域の環境診断を試みた例もある。かつて千葉県市川市で調査した結果（沼田・大野景徳、一九五二）では、図のような立地による違いが出た。ここでは旧市街地よりも新住宅地の方が帰化率の高いことがわかり、立地の条件を反映していることがわかる。しかしこの後の都市化の波はきわめて急激であり、この当時の立地区分を全く変えてしまっている。現在の都市環境において、帰化率がいかなる条件を反映するかは、今後の調査を待って明らかになるであろう。

とにかく都市周辺における帰化率はきわめて高く、八〇パーセントをこえる地域もある。この傾向はしだいに都市以外の地にも及んでいる。土地攪乱後の二次遷移を観察すると、そ

**◆市川市における立地別の帰化率の調査**（沼田・大野，1952）

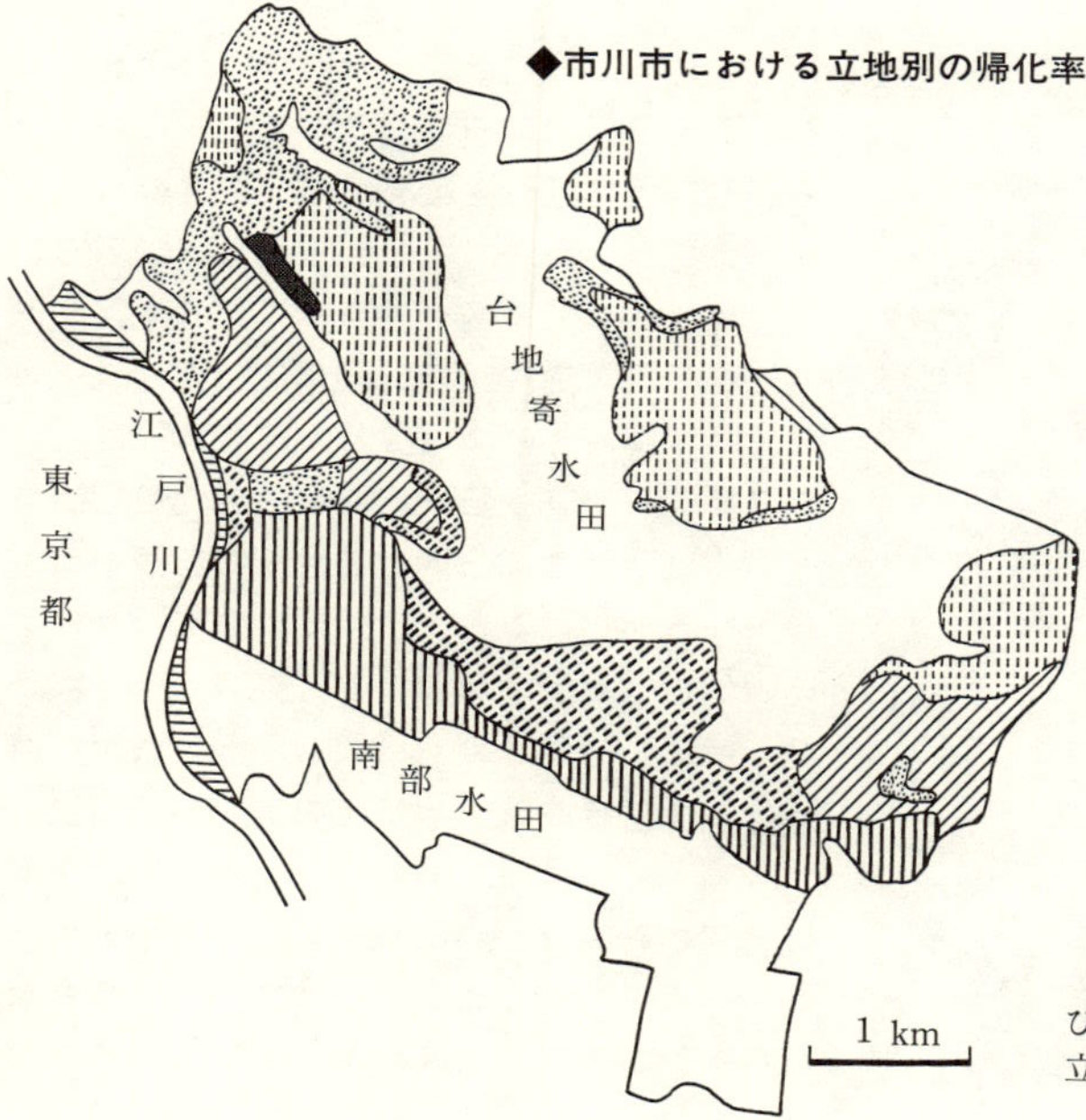


| | 帰化率（%） |
|---|---|
| 水田（台地寄） | 7.19 |
| 水田（南　部） | 14.49 |
| 市街地 | 26.67 |
| 台地住宅地 | 48.75 |
| 河　原 | 13.32 |
| 台地畑地 | 32.06 |
| 住宅地 | 18.13 |
| 草　原 | 4.90 |
| 林　地 | 4.39 |

面積比例抽出法によって調査区画を選び，帰化率を算出した。現在の市川市の立地区分の状況は大きく変わっている。

の主要メンバーが帰化植物で占められることが多い。ブタクサ↓ヒメジョオン↓セイタカアワダチソウという優占種の交替はしばしば見る例である。

都市周辺のあき地以外に帰化植物群落の成立しやすい場所として、海岸砂地、河原、埋め立て地、伐採地あとなどがある。これらはもともと植被は少ないところで、その上人為的あるいは自然的に攪乱の行われやすいこともあって、帰化植物侵入の条件をそなえている。海岸砂地に夏の色どりをそえるオオマツヨイグサは、比較的古い帰化植物であるが、近年はコマツヨイグサやメマツヨイグサなどに交替する傾向が強い。ブタクサに近縁のオオブタクサは、住宅地周辺に団塊的に群落をつくることがあるが、近年は各地の川沿いに大群落をつくってなお拡大している。

**↑放置された土地に先駆的に侵入したギンネムの林**　ギンネムは熱帯原産で，太平洋戦争以後南西諸島に急激に増加した（1991，沖縄県具志川市）。

山林の伐採地あとには、ダンドボロギクやメマツヨイグサが侵入しやすい。また湿原の乾燥化にともなって侵入する帰化植物もある。奥日光戦場ケ原にはオオハンゴンソウの進出が著しく、かつての湿原やカラマツの林床に広く群落をつくっている。自然景観は大きく変えられているが、機械的にこれを除去するとまた土地攪乱をもたらし、帰化植物侵入を促すもとにもなる。

帰化植物の進出を抑えるには遷移の進んだ自然植生を保つようにしなければならない。

↑高原に定着したヘラバヒメジョオン　この草は大正年間の渡来で，普通は市街地から離れたところに生育し，高原のススキ草原の中にも一定の位置を占めている（1998，長野県霧ケ峰）。

［Note-2001］

現在，雑草の種子の渡来はさかんに続いている。従来は在来種とされていた身近な草でも，最近の渡来によって増えているものがある。在来種か帰化種かの判断は難しくなっており，これまで用いられた帰化率についても見直しが必要であろう。

# 56 干拓地の植生

浅い湖沼や内湾を堤防で閉め切り、排水をして陸地化したのが干拓地である。特に土盛りをするわけではなく、海面下にあることの多い点で埋め立て地とは違う。もともとは水田拡大のために造成されたが、現在は耕地化されずに放置状態のところもある。底土がそのまま陸地化されるので、干拓初期から群落が発達し、急速な遷移を示す例が多い。

秋田県八郎潟は、大半が水深一メートル内外（最深で四メートル）の浅い潟であったが、昭和四〇（一九六五）年ごろまでに大規模な干拓が行われた。陸化にともなう群落の推移が観察されたが、底土の差（泥質から砂質まで）や、乾湿の差によって違いがあり、均質に進行しないことがわかった（沼田ほか、一九六七）。

泥土（ヘドロ）でまだ湛水しているようなところには、まずケイヌビエが優占する。水が引いて表面にひび割れのあるようなところは、ガマ・ヒメガマ・サンカクイ・タウコギ・ケイヌビエなどの混生群落となる。混生群落のメンバーは、いずれも場所によっては優占種となり得るもので、いわば先駆的湿生植物のプール地でもある。泥を掘り起こしたような裸地には、ウラジロアカザがいっせいに生育する。

放置されるとしだいにガマ・ヨシの勢力が増し、乾燥化につれてヨシ群落がおおうようになる。底土が砂質で乾燥の早い場所ではヨシ群落化も早い。八郎潟では、乾燥化を早め、ほかの雑草を抑える（群落を単一化する）意味で、ヨシの種子を空中散布して群落造成を図ったこともあった。

千葉県手賀沼の干拓地では、陸化まもないころにはマツカサススキ・ジョウロウスゲ・アゼナルコ・サンカクイなどの湿生植物の種類が多かった。それに交じってヨシ・セイタカアワダチソウがまばらに入っていたが、二〜三年後には早くもヨシ・セイタカアワダチソウにおおわれるに至った。そして一部にヤナギ類・エノキ・ハンノキなどが侵入した。内陸干拓地での遷移は急速に進行する。

伊勢湾・児島湾・有明海などの沿岸でも大規模な干拓が行われてきた。沿海の干拓地では土中の塩分濃度の低下と群落の発達との関

**↑八郎潟で干拓後まもなく現れた群落**　底質が泥土のところで表面のひび割れが目立つ。ケイヌビエ・ヒメガマ・サンカクイ・タウコギなどの混生群落の状態（1966，秋田県八郎潟干拓地）。

係が深い。干拓初期には耐塩性の強いウラギク・シオツメクサ・ハマガヤなどが群落をつくる。沖合から陸に向かって群落の移行を観察すると、塩湿地群落の名残りから、ハマガヤ・ケイヌビエ・ヨシなどの群落を経てしだいにヨシ群落となり、さらにホウキギク・オオアレチノギク・メヒシバなど内陸型群落へと続く。

愛知県の干拓地で土中の塩素イオン濃度と群落との関係を調べた結果（倉内、一九六九）によると、シオツメクサ・ハマガヤ群落〇・八八パーセント、ウラギク・ハマガヤ群落〇・四六〜〇・一五パーセント、ヨシ群落〇・〇六〜〇・〇三パーセント、ホウキギク・オオアレチノギク群落〇・〇六パーセントとなっている。これはまた、沿海干拓地における初期遷移の系列を表しているといえる。

**↑手賀沼干拓後，翌年にできた湿生植物群落**　マツカサススキ・オオイヌタデ・サンカクイなど（1969，千葉県手賀沼干拓地）。

**↓同じ干拓地の2年後の状態**　ほとんどがヨシにおおわれ，部分的にセイタカアワダチソウがある（1971，千葉県手賀沼干拓地）。

# 57　沿海埋め立て地の植生

東京湾沿岸をはじめ各地で大規模な埋め立て地が造成され、その大部分は工業地帯、一部は住宅地その他に利用されている。内湾の遠浅の沿岸がこれに当てられるため、かつては広い干潟で豊富な海産生物相をもち、あるいは水鳥の生息基地ともなっていた環境がほとんど失われる結果になった。

埋め立て地の造成には、その多くが海底の砂泥をパイプで吸い上げて堆積させる方法がとられる。したがって海底も全く攪乱されるし、埋め立て地も人工土壌となる。そこには深浅による定まった土壌構造は見られない。雨が降れば水がたまり、乾けば砂漠という状態が続く。

↑**縞模様に芽生えたウラジロアカザ**　ブルドーザのキャタピラのあとのくぼみに種子がたまり，発芽して多数の緑の帯をつくった（1963，千葉県船橋海岸埋め立て地）。

ここに成立する初期の群落は、土壌の塩分濃度との関係が深い。干拓地の場合に似て、塩分の多いうちは耐塩性のあるウラギク・ウシオハナツメクサ・ウラジロアカザ・シオクグなどの疎生群落ができる。その後に、イヌビエやヨシなどの侵入が始まる。

東京湾北部の埋め立て地での観察では、まだ塩湿地状の裸地に、ウラギク・ウラジロアカザ・ウシオハナツメクサなどの生育が始まる。表面の乾燥したところで、車輪あとのようなわずかな凹地を求めては、ウラジロアカザがいっせいに芽ばえているのは埋め立て地の特異な景観である。発芽実験では、これらの種子が水中でも塩水中でも発芽率のよいのがわかる。造成後二〜三年たつと土壌表層部の塩分はかなり減少するらしく、それにともなってイヌビエ・ヨシが進出する。

**↑埋め立ての翌年の状態**　湿った表層にケイヌビエやウラジロアカザの疎生群落。一部にヨシも侵入（1964，船橋海岸埋め立て地）。

埋め立て地はもともと人為的な利用土地であり、その中には道路や集積場もつくられ、客土もなされる。それらを拠点にして内陸の先駆的雑草も広まる。ヒメムカシヨモギ・オオアレチノギク・メマツヨイグサ・ノゲシ・オオイヌタデ・ミチヤナギ・メヒシバ・オヒシバなど、成長はよくないが群落としては拡大する。

土壌条件が均一ではないため、その後の遷移コースはまちまちであり、埋め立て五年後にトダシバ・ススキを主とする多年草群落になった例、一〇年後に完全なチガヤ群落になった例などが知られる反面、数年後もヨシあるいはオギの群落のままのところもある。

最近では、埋め立て初期に牧草(オニウシノケグサ類など)の種子をまいて、人工的に緑被をつくることも行われている。埋め立て

**↑埋め立て6年後の船橋海岸**　ヨシ・オギなどの群落となり，乾いたところにはススキが増えた(1969，千葉県船橋海岸埋め立て地)。

地の緑化には草本群落の形成がまず必要であり、木本群落をつくるとしても、その次の段階になるであろう。

**↑埋め立て初期の泥湿地にできたウラギク群落**　塩分が抜けるとウラギクは衰退し，２年後はホコガタアカザ群落になった（1973，千葉県市川市，鈴木由告）。

**↑草が生え始めた浦安海岸埋め立て地**　この一帯は後年，東京ディズニーランドへ変貌した（1974，千葉県浦安市）。

# 58 都市の緑(1)

近年の都市づくりは植生と相反する方向で進められてきた。いわゆる都市化とは人間生活の多様な事象の複合されたものであり、その程度を数量的に表すことはむずかしい。都市化と植生との関係を表す指標として、不透水地率を用いる方法（奥富清・川津雄一、一九七三）がある。都市では道路やあき地の舗装、建造物などによって土壌が被覆され、雨水の直接浸透できないところが増大する。これを不透水地といい、ある地域の面積に対する不透水地の割合を不透水地率とする。

東京の都心部から西へ向かって八王子までの間の数ヵ所を選んで、不透水地率を算出した資料（奥富・川津）によると、都心部の九

↑**東京都心の景観**　巨大なビル群がわずかに残る緑を削りとっていく（1974，東京タワーから北方を望む）。

六・七パーセントから郊外の六・九パーセントへと大きな差を示している。同じ地域で植生地率を出すと、不透水地率と明らかに反比例していることがわかる。郊外では六五〜八五パーセントあるが、都心ではわずかに〇・七パーセントという結果になっている。

このような植生地も、自然林はきわめて少なく、その多くが二次林・生産緑地・草地などで占められる。また植栽樹群は、都心と郊外の中間地域に多い。この地方の一般的な傾向としては、都市化にともなってシラカシ林・モミ林の自然林や、クヌギ・コナラ・クリなどの二次林、スギ・ヒノキの造林地などが減少あるいは消滅し、庭木群が増加すること、人里植物・帰化植物などの群落が増加することなどがあげられる。しかし、極度に都市化が進めば、これらの人為的な群落さえも

◆各地域の不透水地率と植生型占有面積（対調査総面積比）（奥富・川津、一九七三）

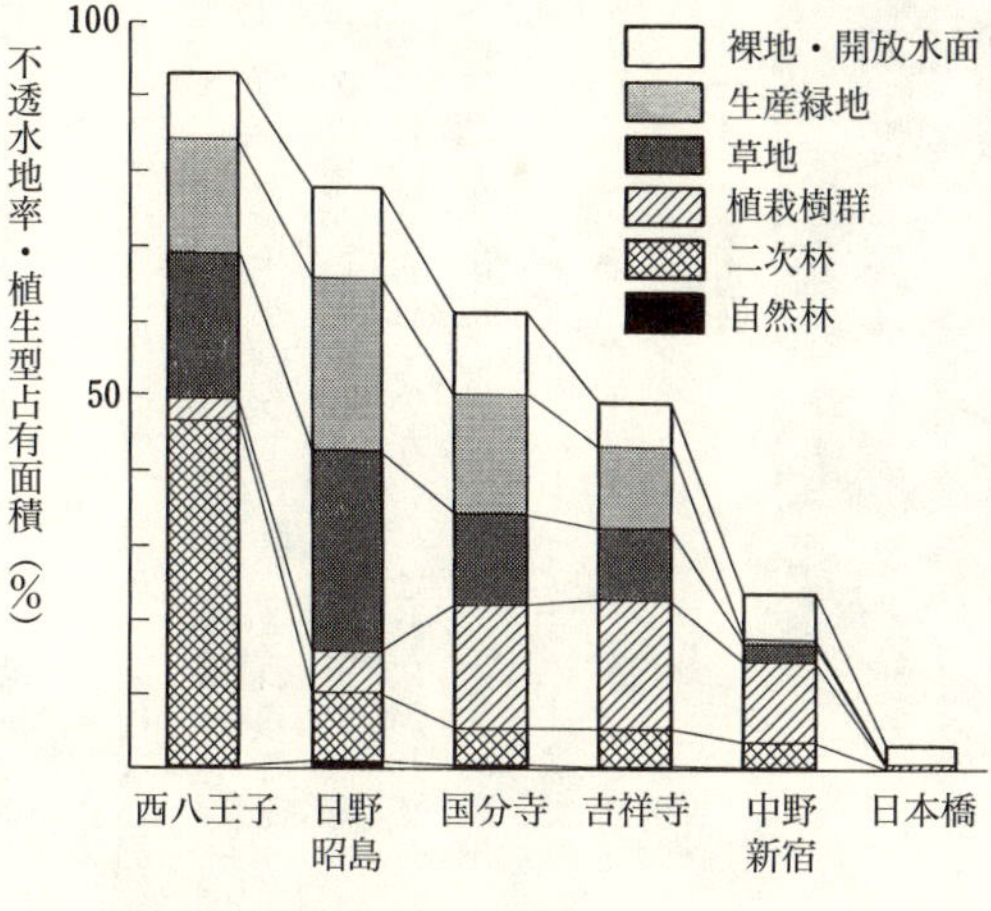

減少する。たとえばオオバコ群落は、踏みつけの土地の代表的な植生であるが、都心の路傍などではほとんど見られなくなる。

都市における緑の植生の機能としては、気候の緩和・大気清浄・防音・防火・防災などの物理的効果のほか、大きな心理的効果があげられる。

だがいわゆるニュータウンの造成に当たっては、既存の植生が画一的に除去されることが多かった。都市の経済的効率のみが優先されて、緑の効用が無視されてきた。最近では緑地率を増やすような計画が加わってはいるが、基本的には改められていない。これに対して昔の街づくりの中には見るべきものがある。たとえば千葉県市川市の旧市街地は、過去の砂州上に発達したものであるが、古いクロマツ林をそのまま取り込んで、住民と共存した形となっている。道路の方がマツを避けているため曲がりくねっていて不便さはあるが、いまなおみごとな緑の景観を保っている。

**↑マツの緑と調和した市川市の旧市街**　旧砂州に発達したクロマツ群を残しながら都市化が進められた（1974，千葉県市川市）。

# 59 都市の緑（2）

都市が巨大化しその機能が高度になると、都市特有の気候が出現する。著しいのは水の減少と温度の上昇とによる乾燥化である。これが進むといわゆる「都市砂漠」ともなる。水の減少をもたらす要因には、不透水地の拡大や排水路の整備にともなって水蒸気の絶対量が不足すること、あるいは地下水を大量に汲み上げることなどがある。温度の上昇をもたらす要因には、人口増加や交通量の増大にともなうエネルギー使用量の急増が第一である。これらに加えて、汚染物質の大気中への蓄積や、二次的に引き起こされる日射量の低下などが複合して都市気候をつくりだしている。

わが国のこれまでの都市には、社寺林、城跡林、台地の斜面林のような形で、緑の残存地を含むものが多かった。地方都市の中にはその町を象徴するような森をもつものがいくつもある。東京でも皇居内のほか、明治神宮、浜離宮、六義園、自然教育園など、ある規模をもった緑の一帯があり、かなり自然林に近い様相を示すものもある。しかしながら、都市気候の悪化によって緑地は大きな影響をこうむっている。

樹木の枯死、季節はずれの落葉などが各地で目立っているが、自然林の外観を残すところでも、その種類組成を調べると、自然林要素の意外と少ないのに気づく。スダジイ林にしても、高木層はスダジイが優占してはいるが、シュロ・エノキ・ムクノキ・ミズキ・ヤマグワ・チヂミザサなど二次林構成種や人里植物が入り込んでいる。それだけ自然林要素率（全種類のうち、自然林本来の種類の占める割合）は低下している。

都内の数ヵ所の林と都市から離れた林とについて、自然林要素率を調べた資料（奥富ほか、一九七三）によると次のような傾向がわかる。

**◆スダジイ林について**（各調査区100m²）

| | 自然教育園 | 新宿御苑 | 六義園 | 房総丘陵 |
|---|---|---|---|---|
| 出現総種数 | 41～50 | 13～21 | 21～31 | 37～58 |
| 自然林要素率 | 37～44 | 37～57 | 48～54 | 55～81 |

都市林は組成的には自然林よりも構成種が少なく、自然林要素が低く、また草本層の発達が悪いといえる。

自然教育園は二〇ヘクタールほどの緑地であるが、その中にさまざまな植生の型があり、都心に残された自然林として大きな意味をもっている。ここでは以前から植生の調査が継続されてきたが、一九五〇年以後の樹木の生存率からみると、アカマツ・クリ・クロマツなど途中相に出る木が大きな被害を受け、スダジイも樹勢が衰退している。これらは亜硫酸ガスの濃度と関連があり、樹種によって差があるが、亜硫酸ガス濃度の増大とともに枯損が増す。その結果、マツ林がイイギリ林やウワミズザクラ林に移行する現象が現れている。

◆自然教育園内主要樹種の1950〜1971年の21年間における生存率(1950年を100とする)(奥田重俊・矢野亮, 1972)

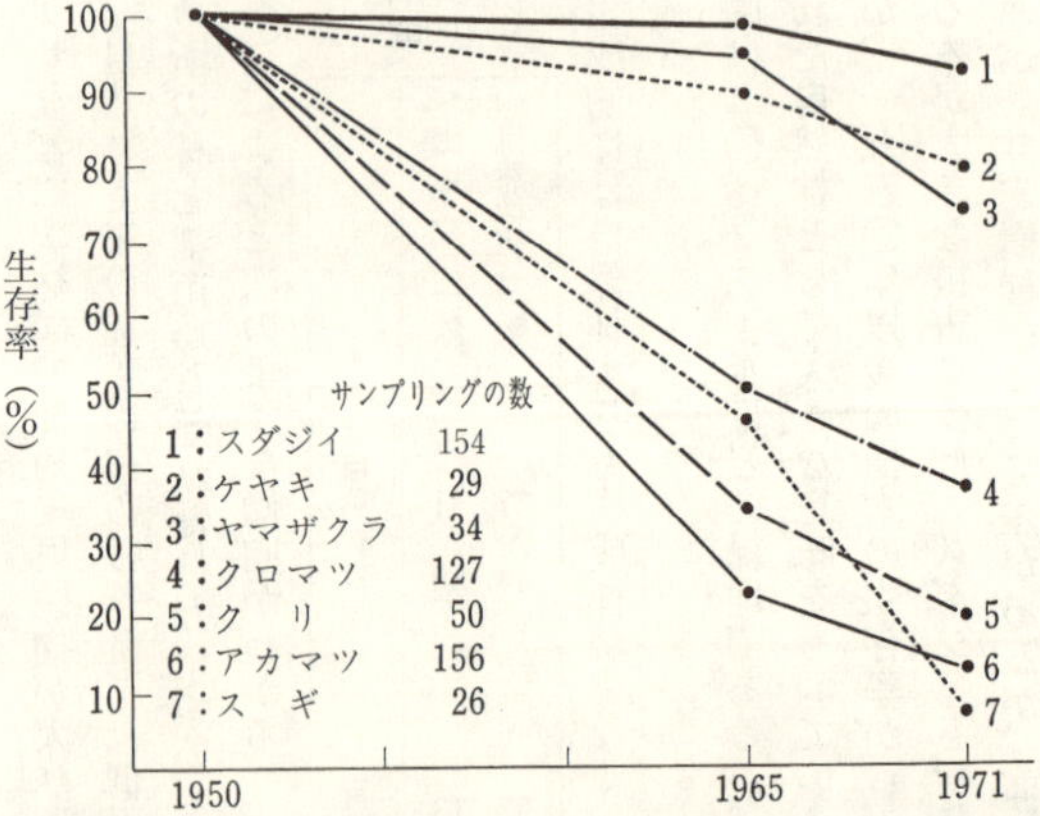

↑**代々木公園側から見た明治神宮の森の景観** 都市における緑地造成の成功例といわれる(1974)。

**◆自然教育園内のスダジイの巨木（214本）の健康度の割合**（奥田，1972）

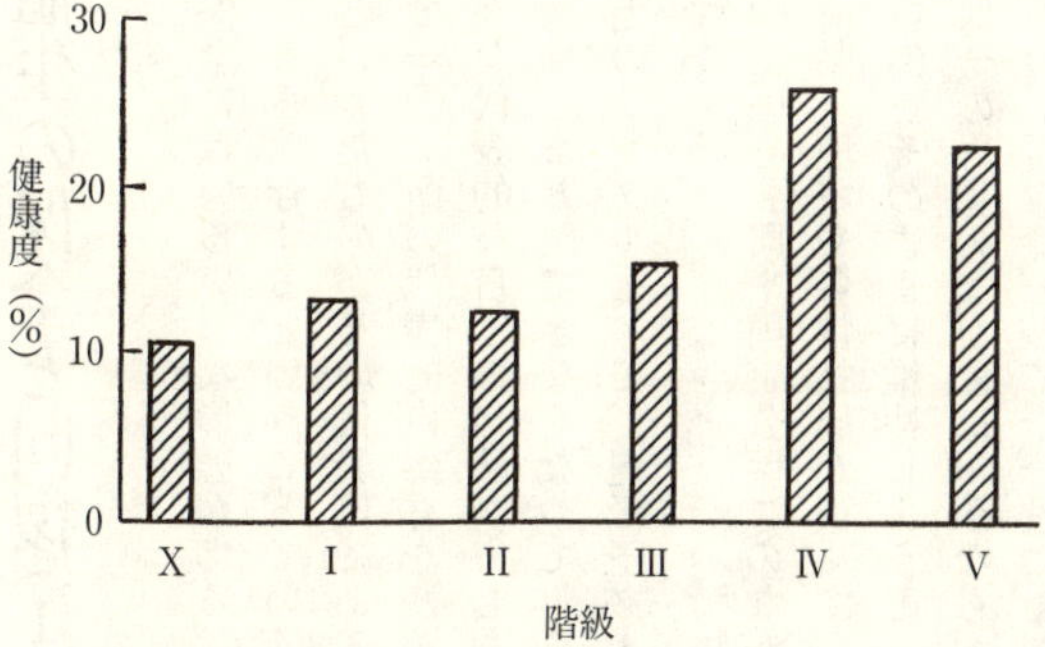


V：樹冠は完全で葉は密生し，葉の残存率80～100%。
IV：葉の残存率60～80%，新枝の先端がわずかに枯死。
III：葉の残存率40～60%。枝の枯死が大枝に及ぶ。幹から直接再出枝が生じ，樹冠が補償される。
II：葉の残存率20～40%。大枝が半数以上枯れる。根部に空洞が現れ，強風で倒れやすくなる。樹皮が直射光にあたってはがれ落ちる。菌類（サルノコシカケ）の着生をみる。
I：葉の残存率10～20%。主幹に葉はなく，上部は枯れる。葉層はほとんど再出枝のみについている。根ぎわから再生枝が多く出る。

# 60　植生の保全と回復（1）

植生の保全にはいろいろな形態がある。明治以来の天然記念物思想のなかでは、手をつけないでそのまま保存するということでいくつかの地域が指定されている。春日山原始林、尾瀬の湿原といったものがその代表例である。日本生態学会で以前要望した原生林保護地域案も、全国で一〇ヵ所の代表的自然林を残そうというものであった。

このような代表的な日本の自然がもしなくなってしまえば、教科書には記されていることも現実には見ることができなくなってしまう。そうなってからでは遅いので自然の保全は、教育研究上のサンプルとして、遺伝子プールとして、国内的にも国際的にも義務づけられるべきものであろう。

自然公園（国立公園や国定公園）のなかに設けられる特別保護地区とか、新しい法律による自然環境保全地域や各営林局が決めている学術参考保護林など、それぞれ趣旨は少しずつ違うが、自然をそのままに維持しようとする点では似ている。

さらに保全の思想のなかには、かならずしも原始的自然や極相林でなくても、人間の、あるいは動物の生活環境として十分役にたつという考え方がある。

たとえば、かつては各地に薪炭林として利用された林が多かった。これは三〇年くらいの間隔をおいた伐採によって、遷移のある段階に保たれた二次林である。武蔵野の雑木林などもその形の一つである。しかし近年薪炭の利用が少なくなるにつれて、このような林はヒノキ・スギなどの造林地になったり、あるいは他の用地に転用された。

もちろん用材源としてならそれも意味があるが、自然の多角的な利用という立場からは、薪炭林的形態を維持した方が価値が高いともいえよう。動物のすみかとしてもバラエティに富んだものである。伐採後の管理が悪いため斜面が崩壊を起こすようなことがあれば問題であるが、そのおそれがないならば、二次林も、牛を放った草原もともによい植生である。

いついかなる場合も、極相林の方が二次林より価値が高いということにはならない。保

**↑ブナ原生林の伐採に先だってササの一掃**　牛の放牧をして林床のササを退治する方法がとられている（1974，長野県木島平村）。

全すべき植生は一概に限定できない。

最近のように植生を人類の生存という見地から見直すということで、炭酸ガスや大気汚染物質に対する浄化機能あるいは酸素の放出機能を植生に期待するようになってくるなら、話はまた違ってくる。植生の価値をどういう見地から認めるかを、この辺で考え直す必要があろう。

ある植生が完成するまでに、どれだけの時間を要するか、あるいは安定性の一つの要素としてどれだけの広がりをもつかといった点からいえば、規模の大きな極相林が最高の価値をもつことになるが、単にこれだけから植生の価値を判断するのは問題であろう。

↑皆伐されたブナ林　樹齢400年を越える見事なブナ林だったが，たちまちにして消えた（1974，長野県木島平村）。

↑**武蔵野の雑木林の冬（コナラ林）**　かつての薪炭材の利用がなくなり，都市開発の波にさらされている（1970，東京都清瀬市）。

# 61 植生の保全と回復(2)

郷土の森を復元しようという運動がある。戦争によって荒廃した国土は、戦後の緑化の努力によってたしかに回復はしてきた。しかし、いわゆる拡大造林方式によって、ブナ林やコメツガ林などの自然林はむしろ伐採が奨励され、日本の本来の森林の姿は失われる一方であった。森林地帯がスギ・カラマツなどの人工造林地ばかりになることを憂えて、さまざまな運動や建議がなされてきた。

これまでにも、極相林をつくる郷土の樹種を植えて森をつくろうとする例はあった。北海道のブナ(ガルトナーブナ林)、関東地方のシイ・シラカシなどがその例であるが、いずれも小規模で、林業的にはほとんど問題にされなかった。しかし今日のような状況になると、郷土の森の復元を図る考えが見直され

る。もっともそれにはやはり、植生成立の法則を基礎にする必要がある。海岸の埋め立て地にいきなり極相林的な樹種を植えて緑化を試みたり、伐採あと地に自然林に類似した設計を立てて植栽をしようとした例があるが、いずれもかなり無理がある。

自然には遷移の法則があって、裸地化されたところは、一年草期、多年草期をへて木本期へ進むのが原則である。そして正常な遷移のコースをとって、陽樹期から陰樹期である極相林へ進むのには、少なくとも数百年の時間を要するものである。萌芽による再生林の場合はかなり進行は早くなるが、それにしても植生完成には長い時間がかかる。それを人工的にいっきょに理想の形態にもっていこうとしても不可能なことで、せいぜい多少の時間の短縮を図れるに過ぎない。

**→亜熱帯林の危機**　広葉樹の材からパルプ生産の技術が開発されて以来、亜熱帯の照葉樹林も急速な伐採が進んでいる。そのあとにリュウキュウマツやモクマオウの植林が行われているが、自然を保全する植生の力は衰えている（一九七一、奄美大島）。

尾瀬ケ原で、荒れて裸地化したところを復元させるための実験が行われてきたが、いきなりいい湿原植生への復元などはできない。まず裸地を緑化することが先決ということで、ミタケスゲを候補にえらんで移植を行った。慎重な計画と多くの費用と労力とを投入して移植をし、その後の経過が調査された。移植後五年目になってやっとミタケスゲが裸地へと広がりはじめ、そのあとわずかながら湿生植物の種類が増えたという（堀、一九七三）。きびしい自然環境のなかでいかに植生回復が困難であるかがわかる。果たして本来の湿原まで復元するかどうかはまだ将来の課題である。

人里植物や帰化植物は植生攪乱の指標のようにいわれるが、植生回復の初期のステップとしてこれらの役割を無視できない。道路建設や土地造成でできた斜面（法面《のりめん》）に、導入した牧草種子を吹きつけて緑被をつくることが各地で行われる。これも植生回復の一つのステップと考えるならあながち不適当とは思えないが、これでもって緑化をすませたとするなら大きな間違いである。地域本来の自然へ戻していく見通しをもって処理されねばならない。

ある都市でそこの斜面に残るシイ・タブノキなどの発達した森林を伐採し、斜面を崩して宅地造成する計画が起きた。住民の「緑を守れ」という運動によりこの計画はとりやめになったが、そのときの土地業者の言い分はこうであった。「私たちだって緑のことは考えている。シイ林を伐採したあとにはフェニックスを買ってきて植えるつもりだったのに」。

**↑痛々しい武甲山**　秩父の名山といわれた武甲山は石灰岩の採掘が進んで今や山容は変貌した。資源の合理的利用と自然保護をどうするかについての具体的な方針を確立することが望まれる。採掘あとに植生復元の方法も検討されているが，容易な道ではない（1974，埼玉県武甲山)。

**58章，59章**
沼田真ほか：都市生態学，生態学講座28，共立出版（1974）
奥田重俊：東京都内の残存植生Ⅰ，自然教育園報告1（1969）；Ⅱ，同2（1970）
奥田重俊：植生図で診断する東京都区内の緑，自然科学と博物館40（1973）
奥田重俊：自然教育園に生育するスダジイ巨木群の現状とその保護について，自然教育園報告3（1972）
品田穣：都市の自然史，中公新書（1974）
半谷高久・松田雄孝編：都市環境入門，東海大学出版会（1977）
沼田真：都市生態系の構造と動態，佐々学ほか編，人間生存と自然環境4（1977）
片岡真知子・沼田真：都市環境下における樹木の健康度，自然教育園報告6（1975）
**60章，61章**
宮脇昭：尾瀬ヶ原湿原植生破壊の現状診断と復元への生態学的考察，国立公園212（1967）
千葉徳爾：はげ山の研究，農林協会（1956）
千葉徳爾：はげ山の文化，学生社（1973）
只木良也：森の生態，共立出版（1971）
依田恭二：森林の生態学，築地書館（1971）
四手井綱英：生態系の保護と管理Ⅰ　森林，生態学講座，共立出版（1973）
四手井綱英：森林の価値，共立出版（1973）
四手井綱英：日本の森林－国有林を荒廃させるもの，中公新書（1974）
四手井綱英：自然保護・森林・森林生態，農林出版（1974）
沼田真：自然保護と生態学，共立出版（1973）
信州大学教養部自然保護講座編：自然保護を考える，共立出版（1973）
小出博：日本の国土，自然と開発，東京大学出版会（1973）
宝月欣二ほか編：環境の科学，NHK市民大学叢書25（1972）
野田坂伸也：スバルライン沿道の植生破壊の原因と対策，造園学雑誌36（1973）
大政正隆：自然保護と日本の森林，農林出版（1973）
沼田真ほか編：Studies in Conservation of Natural Terrestrial Ecosystems in Japan, Part 1, Vegetation and its Conservation, JIBP Synthesis, Vol.8, 東京大学出版会（1975）
沼田真編：自然保護ハンドブック，東京大学出版会（1976）
沼田真：自然保護を支える論理，岩波講座現代生物科学　月報1（1978）
小林貞作：立山荒廃地の高山植物による緑化実験，立山ルート緑化研究報告書1（1974）
土田勝義：美ヶ原高原の植生と荒廃地回復に関する研究，長野県（1976）

**53章**
Weber, R.：Ruderalpflanzen und ihre Gesellschaften. Kosmos (1961)
Tüxen, R. herausg,：Anthropogene Vegetation, Junk (1966)
小滝一夫・岩瀬徹：人里植物の分布からみた丹沢地域の原始性，丹沢大山学術調査報告書 (1964)
小滝一夫・岩瀬徹：自然教育園内の人里植物の分布と遷移，自然教育園の生物群集に関する調査報告 1 (1966)
小滝一夫・岩瀬徹・伊藤義雄：富士山における人為作用に伴う植生の動態，富士山総合学術報告書 (1971)
笠原安夫：山野草，人里植物，帰化植物，雑草および作物の種類群と相互関係，雑草研究12 (1971)
**54章，55章**
久内清孝：帰化植物，科学図書出版社 (1950)
長田武正：日本帰化植物図鑑，北隆館 (1972)
宮下和喜・高橋秀男：外国からきた動植物，第一法規 (1970)
沼田真・大野景徳：帰化植物の生態学的研究 I，植物生態会報 2 (1952)
大野景徳：帰化植物の生態学的研究II－畜産試験場から逸出した牧草とそれに伴う帰化植物について，雑草研究 4 (1965)
岩瀬徹・小滝一夫：帰化植物の生態，千葉県植物誌 (1958)
岩瀬徹：新しい鉄道草，科学朝日，1963年 1 月号
小滝一夫・岩瀬徹：毛織工場の帰化植物，採集と飼育17 (1955)
矢野佐：帰化植物，自然研究 1 (1946)
沼田真編：帰化植物，大日本図書 (1975)
長田武正：原色日本帰化植物図鑑，保育社 (1976)
沼田真：植物群落と他感作用，化学と生物15 (1977)
岩瀬徹・小滝一夫：千葉県の帰化植物とその生態，新版千葉県植物誌，井上書店 (1975)
**56章，57章**
岩田悦行：干拓地，地域開発　1971年 2 月号
岩田悦行・石塚和雄：Plant succession in Hachirogata Polder, 生態学研究17 (1967)
沼田真：植物からみた干潟の保護，科学朝日　1967年11月号
西上一義ほか：中海沿岸の干拓地の植生，生理生態14 (1967)
日本植物調節剤研究協会：八郎潟干拓地における植生調査報告 (1966～1968)
倉内一二：沿海地植生の動態 (1964)
本間啓ほか：津田沼地区埋立造成地における飛砂防止工法の実験的研究，日本住宅公団首都圏宅地開発本部 (1963)

沼田真：竹林植生調査法，千葉大臨海研報告 9 (1967)
沼田真：マダケ林の開花の生態，富士竹類植物園報告 9 (1964)；10 (1965)；14 (1969)
小林敬ほか：竹林の生態に関する研究，全国高校生の共同研究 I (1957)；II (1958)，東洋館出版社
室井綽：有用竹類図説，六月社 (1962)
**46章**
宮脇昭：植物と人間，NHK ブックス (1970)
沼田真編：千葉ニュータウン計画－植生並びに植栽景観に関する基礎調査，日本観光協会 (1969)
**47章，48章，49章，50章**
笠原安夫：日本雑草図説，養賢堂 (1968)
沼田真・吉沢長人：日本原色雑草図鑑，全農教 (1968)
沼田真・荒井正雄：農業における雑草の諸問題，生物科学 5 (1953)
沼田真：雑草群落の生態学的研究，雑草研究 1 (1962)
笠原安夫：耕地雑草の諸研究，作物学（佐々木喬監修），地球出版 (1952)
笠原安夫：耕地雑草群落に関する実験的研究，農学研究48 (1961)
桑原義晴：北海道後志地方の農耕地に生ずる雑草生育地の季節的消長，日生態会誌 5 (1956)
戸苅義次・杉頴夫編：雑草防除の新技術，富民社 (1958)
沼田真・篠崎秀次：水田雑草群落の組成とその動態，千葉大臨海研報告 9 (1967)
植木邦和・松中昭一：雑草防除大要，養賢堂 (1972)
荒井正雄：田畑の雑草防除と 2・4－D，養賢堂 (1954)
Ellenberg, H.：Unkrautgemeinschaften als Zeiger für Klima und Boden, Eugen Ulmer (1950)
生嶋功：水田雑草群落の種間関係，雑草の地域別生態調査に関する研究　第 1 集，農林水産技術会議 (1963)
沼田真：雑草とは何か，科学46 (1976)
岩瀬徹・大野景徳：雑草たちの生きる世界，文化出版局 (1977)
新山恒雄・篠崎秀次：耕地雑草群落の組成とその動態，新版千葉県植物誌，井上書店 (1975)
**51章，52章**
新山恒雄：休耕田の雑草群落とその遷移，採集と飼育35 (1973)
桑原義晴：休耕水田の荒廃度表示の一方法，雑草研究19 (1975)
笠原安夫ほか：休耕乾田の雑草群落の遷移に関する生態学的研究，農学研究57 (1978)
武田友四郎ほか：休耕田の植生遷移に関する研究，日作紀46 (1977)

duction of the Miscanthus sinensis grasslands in Japan, Jap. J. Bot., 20 (1969)
岩田悦行：北上山地の二次植生，特に草地植生に関する生態学的研究，岐阜大農研報30（1971）
伊藤秀三：Grassland vegetation in uplands of western Honshu, Japan Ⅰ, 日生態会誌12（1962）；II, Jap. J. Bot., 18（1963）
伊藤秀三：Phytosociological studies on grassland vegetation in western Japan, Phytocoenologia 1（1974）
小池一正：ススキ型草地の現存量ならびに群落構造の季節変化について，東北大農研報20（1968）
村瀬忠義：伊吹山系の植物，滋賀の生物（1974）
平吉功先生退官記念事業会編：ススキの研究，日本のススキとススキ草地（1976）
沼田真編：草地調査法ハンドブック，東京大学出版会（1978）

**42章**

吉井義次・吉岡邦二：金華山の植物群落，生態学研究12（1949）
吉岡邦二・樫村利道：Plant communities induced by deer grazing and browsing, 福島大学芸紀要 8（1959）
吉岡邦二：Effect of deer grazing and browsing upon the forest vegetation on Kinkasan island. 福島大学芸紀要 9（1960）

**43章**

矢沢大二：東京近郊における防風林の分布に関する研究，地理学評論12（1936）
佐藤敬二：耕地防風林，農学 2（1948）
FAO（松尾兎洋訳）：森林の公益的効用，水利科学研究所（1965）

**44章，45章**

沼田真：竹林の生態，林業解説シリーズ82（1955）
沼田真：竹林の生態学，日生態会誌12（1962）
上田弘一郎：Studies on the physiology of bamboo with reference to its practical application, Bull. Kyoto Univ. Forests., 30（1960）
上田弘一郎・沼田真：原生竹林の更新とその生態学的研究，京大農演習林報告33（1961）
沼田真：竹林の生態学的研究 I～XII，千葉大文理紀要 1～4（1964）
沼田真：Ecology of bamboo forests in Japan, Adv. Front. Pl. Sci., 10（1965）
沼田真：Conservational implications of bamboo flowering and death in Japan, Biol. Cons., 2（1970）
沼田真ほか：Ecological aspects of bamboo flowering, Ecological studies of bamboo forests in Japan XIII, 植雑87（1974）

学学芸研報19（1961）；20（1962）
沼田真：千葉県における海岸砂丘の植物群落，千葉県植物誌（1958）
沼田真編：植物生態学（Ｉ），生態学大系Ｉ，古今書院（1959）
沼田真ほか：銚子海岸の植物相と植物群落Ｉ－IV，千葉大文理紀要２（1959）；千葉大臨海研報告１(1959)～６(1964)
小清水卓二：ハマオモトの分布と分布機構，遺伝６(1952)
延原肇ほか：Observations on the damages of the coastal vegetation Ｉ，II，日生態会誌12（1962）；14（1964）
延原肇：生活型による海浜群落－環境系の解析，生理生態13（1965）
延原肇：Analysis of coastal vegetation on sandy shore by biological types in Japan, Jap. J. Bot., 19（1967）
延原肇：千葉県の海岸群落，新版千葉県植物誌（1975）

**38章**

石塚和雄：海岸礫崖の植物群落，植物生態学会報１（1951）
Menninger, E. A.：Seaside Plants of the World, Hearthside Press（1964）
Lewis, J. R.：The Ecology of Rocky Shores, English Univ. Press（1964）

**39章，40章，41章**

岩城英夫：草原の生態，共立出版（1971）
嶋田饒ほか：草地の生態学，築地書館（1971）
沼田真：Progressive and retrogressive gradient of grassland vegetation measured by degree of succesion, Vegetatio 19（1969）
沼田真：Primary productivity of semi-natural grasslands and related problems in Japan, Grassland Ecosystems, Reviews of Research（R. T. Coupland and G. M. Van Dyne ed.）（1970）
江原薫監修：飼料作物・草地の研究，養賢堂（1971）
農林水産技術会議：野草および野草地の生態と利用に関する研究，研究成果51（1971）
翠川文次郎：日本の草原・世界の草原，地理10（1965）
翠川文次郎：Growth-analytical study of Altherbosa on Mt. Hakkoda, Northeast Japan, 生態学研究15（1959）
門司正三・佐伯敏郎：Über den Lichtfakter in den Pflanzengesellschaften und seine Bedeutung für die Stoffproduction, Jap. J. Bot., 14（1953）
菅沼孝之：Phytosociological studies on the semi-natural grassland used for grazing in Japan Ｉ, Jap. J. Bot., 19（1966）；II, 植雑80（1967）
翠川文次郎ほか：Studies on the productivity and nutrient element circulation in Kirigamine grassland, Central Japan Ｉ, 植雑77（1964）；II, ibid., 77（1964）
沼田真・三寺光雄：Efficient environmental factors to the growth and pro-

**31章**

今西錦司・吉良竜夫：生物地理，自然地理II（福井英一郎編）(1953)

中村賢太郎：木をうえる，石崎書店（1954）

田村説三ほか：武蔵丘陵森林公園の森林群落の組成と構造，埼玉生物13（1973）

沼田真ほか：小糸川水源林地帯における県民の森の基礎調査と計画要綱　第2部　植生，日本林業技術協会（1969）

**32章**

吉岡邦二：日本松林の生態学的研究，日本林業技術協会（1958）

吉岡邦二：日本松林の群落型と発達について，生態学研究11（1948）

Critchfield, W. B. and E. L. Little, Jr.：Geographic Distribution of the Pines of the World, U. S. D. A. (1966)

林弥栄：日本産重要樹種の天然分布－針葉樹2，林試研究報告55（1952）

四手井綱英：アカマツ林の造成，基礎と実際，地球出版（1963）

佐藤敬二：日本のマツ　第2巻，天然更新篇，全国林業改良普及協会（1962）

大賀宣彦・佐倉詔夫：人為作用による影響（二次林と人工林）－千葉県の森林植生(4)，新版千葉県植物誌，井上書店（1975）

蒲谷肇：清澄山における天然性マツ林と地質との関係，清澄6（1977）

鈴木由告：千葉県におけるカタクリの分布－その生態的位置づけ，新版千葉県植物誌，井上書店（1975）

**33章**

日本林業技術協会：原色日本林業樹木図鑑，地球出版（1964）

Tansley, A.G.：Oaks and Oak Woods, Field Study Books 7, Methuen (1952)

**34章，35章**

荒巻孚：生きている渚，三省堂（1952）

沼田真ほか：クロマツ海岸林の生態学的研究 I～IV，千葉大臨海研報告6（1964），千葉大文理紀要4（1964）；4（1965）；4（1966）

倉内一二：沿海地植生の動態－特に台風害との関係，大阪市大学位論文（1964）

倉内一二：塩風害と海岸林，日生態会誌5（1956）

倉内一二：伊勢湾台風の被害と回復（10年間の変化），愛知の植物（1971）

原勝：砂防造林，朝倉書店（1950）

若松則忠編：日本の海岸林，地球出版（1961）

**36章，37章**

大西正己・近藤正史：砂丘の生いたち，大明堂（1961）

Ohba, T., A. Miyawaki und R. Tüxen：Pflanzengesellschaften der Japanischen Dünen-Küsten, Vegetatio 26 (1973)

石塚和雄：Ecological studies on the vegetation of coastal sand bars, 岩手大

沼田真：植物からみた干潟の保護，科学朝日27（1967）
沼田真：自然保護と生態学，共立出版（1973）
高田英夫：塩と生物，創元社（1973）
延原肇：小櫃川川口の塩湿地群落，千葉生物誌30周年記念号（1978）
Ranwell, D.S.：Ecology of Salt Marshes and Sand Dunes, Chapman & Hall（1972）
Reimond, R.J. and W.H. Queen ed.：Ecology of Halophytes, Academic Press（1974）

**27章**

Watson, J.G.：Mangrove Forests of the Maley Peninsula, Malayan Forest Records, No.6（1928）
Walter, H.：Die Vegetation der Erde in Oko-physiologischer Betrachtung, Bd. I, Die tropischen und subtropischen Zonen, Jena（1964）
九州大学海外学術調査委員会：八重山群島学術調査報告 1，2（1964）
Chapman, J.：Salt Marshes and Salt Deserts of the World, Plant Sci. Monog.（1960）
小滝一夫ほか：グアム島アプラ湾のウラジロヒルギダマシ林の生態学的研究，千葉県高校教育研究会生物分科会「グアム島の自然」(1973)
中須賀常雄・大山保表・青木雅寛：マングローブに関する研究Ｉ－日本におけるマングローブの分布，日生態会誌24（1974）
吉良竜夫：マングローブの生態，熱帯林業５（1967）
中須賀常雄ほか：マングローブに関する研究，日生態会誌24（1974）；25（1975）

**28章，29章**

初島住彦：琉球植物誌，沖縄生物教育研究会（1970）
宮脇昭ほか：西表島の植生，第19回日本生態学会講演要旨（1972），Annual Rep. JIBP/CT (P) for the Fiscal Year 1970（1971）
鈴木邦雄ほか：沖縄本島の植生，日本植物学会第38回大会講演要旨集（1973）
日越国昭：西表島の植物，沖生教研会誌４（1970）
九州大学海外学術調査委員会：八重山群島学術調査報告１（1964）
津山尚・浅海重三編：小笠原の自然，広川書店（1970）
沼田真・大沢雅彦：小笠原諸島の植生とその遷移，文部省・文化庁＝小笠原諸島の学術・天然記念物調査報告書（1970）

**30章**

鈴木時夫・鈴木和子：日本海指数と瀬戸内指数，日生態会誌20（1971）
初島住彦：我国におけるウバメガシの分布に就て，生態学研究11（1948）
今井勉：西南日本におけるウバメガシ林の植物社会学的考察，日生態会誌15（1965）

**21章**

中野治房：草原の研究，岩波書店（1944）

小滝一夫・斎藤一雄・能勢保：食虫植物群落の生態，千葉県植物誌（1958）

吉井義次ほか：湿原の生態学的研究1-12，生態学研究6（1940）～12（1949）

小滝一夫・大賀宣彦：千葉県の食虫植物群落の生態，新版千葉県植物誌，井上書店（1975）

**22章，23章**

鈴木由告：東京およびその周辺のハンノキ林，東京都高尾自然科学博物館研究報告4（1972）

浅野一男ほか：菅平湿原の植物生態Ⅰ，植物社会，菅平研報3（1969）

宮脇昭・奥田重俊：Pflanzensoziologische Untersuchungen über die Auen-Vegetation des Flusses Tama bei Tokyo, mit einer vergleichenden Betrachtung über die Vegetation des Flusses Tone, Vegetatio 24（1972）

猶原恭爾：荒川河原植物群落の生態学的研究，資源研報告8（1945）

鈴木由告：千葉県のハンノキ林，新版千葉県植物誌，井上書店（1975）

**24章，25章**

Dansereau, P.：Essai corrélation sociologique entre les plantes supérieurs et poissons de la beine de Lac Saint-Louis, Contr. Inst. Biol. Univ. Montreal 16（1948）

延原肇・岩田好宏・生嶋功：富士五湖の水草の分布，富士山（1971）

岩田好宏・生嶋功：山中湖入江の水草群落の概観とその環境，富士山（1971）

中野治房：千葉県下の植物相異変の一例，千葉県植物誌（1958）

生嶋功：蒲谷肇：琵琶湖に野生化したコカナダモ，植研40（1965）

生嶋功：水界植物群落の物質生産Ⅰ，生態学講座7，共立出版（1972）

三木茂：山城水草誌（1937）

水野寿彦：池沼の生態学，築地書館（1971）

沼田真ほか：河川の高水敷群落の構造，日本植物学会大会講演，東京（1957）－沼田真編：植物生態学Ⅰ，古今書院（1959）

倉内一二：愛知県牟呂用水の植生と環境，植物生態学会報3（1954）

倉内一二：植物群落の遷移，図説植物生態学，朝倉書店（1969）

武藤信子ほか：Studies on the production processes and net production of Miscanthus sacchariflorus community, Jap. J. Bot., 20（1968）

大滝末男：水草の観察と研究，ニューサイエンス社（1976）

**26章**

伊藤浩司：北海道東部塩湿地植物群落の研究，北大植物園報告1（1963）

伊藤浩司：オホーツク沿岸のアッケシソウ群落，日生態会誌9（1959）

津田道夫：Studies on the halophytic characters of the strand dune plants and of halophytes in Japan, Jap. J. Bot., 17（1961）

吉岡邦二・斎藤員郎・橘ヒサ子：Solfatara vegetation at Osore-yama, Ecol. Rev., 16 (1965)
田川日出夫：生態遷移Ｉ，生態学講座11-a，共立出版（1973）

**17章，18章**

富士山総合学術調査団：富士山（1971）
早田文蔵：The vegetation of Mt. Fuji，丸善（1911）
早田文蔵：The Lake District around Mt. Fuji, Pan-Pacific Science Congress (1926)
高木典雄：富士山の蘚類植物，富士山（1971）
斎藤全生：森林限界付近の植生，富士山（1971）
宮脇昭ほか：富士山　自然の謎を解く，NHKブックス（1969）
宮脇昭ほか：富士山南斜面(静岡県側)の学術調査報告書，静岡県（1967）
宮脇昭ほか：富士山北斜面(山梨県側)の学術調査報告書，山梨県・国立公園協会（1969）
遠山三樹夫：富士山の森林植生Ｉ，北大農紀要５（1965）；II，日生態会誌15（1965）；III，北大農紀要５（1965）；IV，ibid.，６（1966）；Ｖ，ibid.，６（1966）
遠山三樹夫：The alpine vegetation of Mt. Fuji, J. Fac. Agr., Hokkaido Univ., 55, Pt. 4 (1968)
大沢雅彦ほか：富士山における垂直分布帯の形成過程，富士山（1971）
只木良也ほか：Studies on the production structure of forest XII, Primary productivity of Abies veitchii in the natural forests at Mt. Fuji，日林誌49（1967）
前田禎三：ヒノキ林の群落組成と日本海要素について，演習林８（1951）
沼田真：富士山の生態，にんげん百科 No.28（1974）
清水清：富士山の植物，東海大学出版会（1977）

**19章，20章**

尾瀬ヶ原総合学術調査団：尾瀬ヶ原，日本学術振興会（1954）
宮脇昭・藤原一絵：尾瀬ヶ原の植生，国立公園協会（1970）
矢野悟道ほか：霧ヶ峰の植物，諏訪市教育委員会（1971）
西田英郎編：湿原の生態学，内田老鶴圃新社（1973）
田中瑞穂：北海道東部湿原の群落学的研究Ｉ，北学大紀要10（1959）；II，ibid., 10（1959）；III，ibid.，９（1958）；IV，ibid., 10（1959）
堀正一：尾瀬の湿原をさぐる，築地書館（1944）
中村純：花粉分析，古今書院（1967）
塚田松雄：古生態学Ｉ，II，生態学講座27 a，b，共立出版（1974）
塚田松雄：花粉は語る，岩波新書（1974）

トリカル（照田宥子訳）：周氷河地形，創造社（1963）
浅野貞夫・田村説三：富士山の植物の垂直分布と生活型の特性，富士山（1971）
大場達之：日本の高山荒原植物群落，神奈川博研報 1 （1969）
大場達之：日本の高山寒冷気候下における超塩基性岩地の植生，神奈川博研報 1 （1968）
福島司：日本高山の季節風効果と高山植生，日生態会誌22（1972）
名取陽・松田行雄：乗鞍岳ハイマツの樹齢および肥大成長，日生態会誌16（1966）
鈴木時夫・梅津幸雄：奥黒部および白山のハイマツ低木林と高山ハイデ，日生態会誌15（1965）
浅野一男・鈴木時夫：赤石山脈の高山帯植物社会II，高山崩壊地草原と草本性高山ハイデ，日生態会誌17（1967）
鈴木由告：白馬山系のコマクサ群落，都立墨田川高研究紀要 1 （1965）
大場達之：Vergleichende Studien über die alpinen Vegetation Japans, Phytocoenologia 1（1974）
式正英編著：日本の氷期の諸問題，古今書院（1975）

**14章**

鈴木時夫：視野の尺度による植物社会の環境の差異－白山の雪田群集よりかえりみて，日生態会誌 6 （1957）
鈴木時夫・二村昭人：積雪と植生－立山平東斜面の帯状測定，日生態会誌16（1966）
石塚和雄：八甲田山における積雪と植物群落の関係，生態学研究11（1948）
Gjaerevoll, O.：The plant communities of the Scandinavian alpine snow-beds, Kgl. Norske Vidensk. Sels. Skr., 1（1956）
平林国男・和田清：針ノ木雪渓における草本植物の生態学的研究，針ノ木岳，大町山博（1959）

**15章，16章**

手塚泰彦：Development of vegetation in relation to soil formation in the volcanic island of Oshima, Izu, Japan, Jap. J. Bot., 17（1961）
田川日出夫：A study of the volcanic vegetation in Sakurajima, southwest Japan I. Mem. Fac. Sci., Kyushu Univ. Ser. E（Biology）3（1964）；II. Jap. J. Bot., 19（1965）；III. 鹿児島大学理科報告 No.15（1966）：IV. ibid., No.17（1968）
吉岡邦二：Development and recovery of vegetation since the 1929 eruption of Mt. Komagatake, Hokkaido, Ecol. Rev., 16（1966）
吉岡邦二：The vegetation on a lava flow in comparison with those of surrounding areas, Rep. Fac. Arts & Sci., Fukushima Univ., 7（1958）

河野昭一：種と進化，適応の生物学，三省堂（1969）
桑原義晴：北方植物の生態学的研究，日本私学教育研究所紀要 8（1973）
酒井昭：日本における常緑および落葉広葉樹の耐凍度とそれらの分布との関係，日生態会誌25（1975）

**9章，10章**

渡辺定元：東亜温帯林の位置づけについて，森林立地 3（1967）
四手井綱英：東北地方奥羽地域の森林植生帯，日本林学会東北支部会報 2（1952）
大沢雅彦・手塚映男・沼田真：日高山系幌尻岳における森林の垂直分布，国立科博年報 No. 6（1973）
大政正隆：自然保護と日本の森林，農林出版（1973）
木村允：Dynamics of vegetation in relation to soil development in northern Yatsugatake mountains, Jap. J. Bot., 18（1963）
高橋啓二：植物分布と積雪，森林立地 2（1960）
渡辺定元：日高山脈の高山植物－亜高山帯のダケカンバ林，北の山脈（1971）
大島康行ほか：Ecological and physiological studies on the vegetation of Mt. Shimagare Ⅰ．植雑71（1958）～同Ⅶ，植雑82（1969）
和田清ほか：志賀山熔岩台地の森林植生，信州大学志賀生物研究所研究業績 3（1965）
梶幹男：房総半島におけるモミ林の生態的位置に関する研究，東大農演習林報告68（1975）
酒井昭・倉橋昭夫：日本に自生している針葉樹の耐凍度とそれらの分布との関係，日生態会誌25（1975）

**11章**

高橋啓二：本邦中部森林における垂直分布帯の研究，林試報告142（1962）
高橋啓二：日本における森林（樹木）限界高度および高山帯と亜高山帯との境界高度に関する資料，森林立地 6（1966）
Osburn, W.H. and H.E. Wright, Jr.：Arctic and Alpine Environment, Indiana Univ. Press（1967）
今西錦司：日本山岳研究，中央公論社（1969）

**12章，13章**

Sukachev, V.N. ed.：Studies on the Flora and Vegetation of High-mountain Areas, I.P.S.T.（1965）
小泉武栄：構造土限界線について，地理学評論46（1973）
小泉武栄：木曽駒ヶ岳高山帯の自然景観－とくに高山植生と構造土について，日生態会誌24（1974）
小林国夫：日本アルプスの自然，築地書館（1955）
小林国夫：日本の構造土，北アルプス植物誌II，大町山博（1973）

沼田真：環境保全への生態学的接近－とくに生物指標について，千葉大学環境科学研究報告 1 （1973）
今西錦司：日本山岳研究，中央公論社（1969）
**5章，6章**
中尾佐助：栽培植物と農耕の起源，岩波新書（1966）
吉野みどり：関東地方における常緑広葉樹林の分布，地理学評論41（1968）
福島司：高隈山の森林植生，北陸の植物18（1970）
細川隆英編：IBP 水俣特別研究地域「暖帯照葉樹林の生物生産に関する研究」（1969-1973）
倉内一二：沖積平野におけるタブ林の発達，植物生態学会報 3 （1953）
堀川芳雄・奥富清：山陽中部シイ群落の発達段階について，広島大生物会誌（1955）
沼田真・浅野貞夫：房総半島の植生資料Ｉ　半島南部の極相林，千葉大臨海研報告 7 （1965）
沼田真：銚子の森林植生－銚子海岸の植物相と植物群落　IV，千葉大臨海研報告 3 （1961）
手塚映男：洲崎神社暖帯林の階層構造について，千葉生物誌15（1966）
沼田真監修：四季の森林，地人書館（1977）
上山春平ほか：続・照葉樹林文化，中央公論社（1976）
手塚映男：暖温帯性極相林の組成と構造－千葉県の森林植生(1)，新版千葉県植物誌，井上書店（1976）
大沢雅彦：植生成因論へのアプローチ－千葉県の森林植生(2)，新版千葉県植物誌，井上書店（1975）
梶幹男・小平哲夫：植物群集とその分布－千葉県の森林植生(3)，新版千葉県植物誌，井上書店（1975）
**7章，8章**
館脇操：北限地帯ブナ林の植生，日本森林植生図譜IV（1958）
吉岡邦二：東北地方森林の群落学的研究Ｉ，II，植物生態学会報 1 （1952）；2 （1953）
佐々木好之編：植物社会学，生態学講座 4，共立出版（1973）
山中二男：高知県白髪山のヒノキ林について，蛇紋岩地帯の植物群落学的研究 IV，高知大学教育研報 No. 5 （1954）
山中二男：四国地方のヒノキ林について，日生態会誌 6 （1967）
遠山三樹夫：富士山の冷温帯林，北大農邦文紀要 5 （1965）
ニール（沼田真訳）：森林の生態，河出書房新社（1973）
野本宣夫：ブナ・ミズナラ林における遷移過程の解析，日生態会誌 6 （1956）
野本宣夫：Primary productivity of beech forest in Japan, Jap. J. Bot., 18 （1964）

# 参考文献

各章ごとに，引用文献を含めて主として本書の内容に関係のあるものをあげた。章による重複はなるべくさけるようにした。

**1章**

宮脇昭編：原色現代科学大事典3　植物，学研（1967）

沼田真・宮脇昭・伊藤秀三：Natural and semi-natural vegetation in Japan, Blumea 20（1972）

沼田真編：The Flora and Vegetation of Japan，講談社・Elsevier（1974）

吉良竜夫：日本の森林帯，日本林業技術協会（1949）

鈴木時夫：日本の自然林の植物社会学的体系概観，森林立地 8（1966）

沼田真：植物たちの生，岩波新書（1972）

上山春平編：照葉樹林文化，中公新書（1969）

農林水産技術会議事務局：土地利用調査研究報告書（1963）

宮脇昭編：日本の植生，学研（1977）

荒垣秀雄編：日本の四季（朝日小事典），朝日新聞社（1976）

沼田真：植物分布からみた日本の気候，気象22（1978）

沼田真：フロラと植生の変貌－房総半島を中心とした生態地理学的考察，第四紀研究17（1978）

**2章，3章**

沼田真：日本の山岳の垂直分布帯と富士山植生の特性および研究史，富士山（1971）

沼田真：Ecological interpretation of vegetational zonation of high mountains, particularly in Japan and Taiwan, 富士山（1971）；Troll, C. herausgeg.：Landschaftsökologie der Hochgebirge Eurasiens，Erdwissenschaftliche Forschung（1972）

吉良竜夫：生態学からみた自然，河出書房新社（1971）

川鍋祐夫：Temperature responses and systematics of the Gramineae, 日本植物分類学会誌 2（1968）

加藤泰安ほか編：山岳・森林・生態学，中央公論社（1976）

川喜田二郎編：ヒマラヤ（朝日小事典），朝日新聞社（1977）

Osburn, W.H. and H.E. Wright ed.：Arctic and Alpine Environment, Indiana Univ. Pr.（1967）Ives, J.D. and R.G. Barry ed.：Arctic and Alpine Environments, Methuen（1974）

**4章**

沼田真：垂直分布帯の寸づまり現象，朝日新聞　1970．4.7 夕刊

# 索　引

本書は、朝倉書店刊『図説　日本の植生』（一九七五年四月）を底本とした。

沼田　眞（ぬまた　まこと）
1917年茨城県生まれ。東京文理科大学理学部卒業。理学博士。千葉大学名誉教授。著書に『自然保護という思想』『植物生態学論考』『植物たちの生』『生態学方法論』など。2001年没。

岩瀬　徹（いわせ　とおる）
1928年千葉県生まれ。東京高等師範学校生物科卒業。元千葉県立千葉高等学校教諭。著書に『野草雑草ウォッチング』『雑草のくらしから自然を見る』『校庭の雑草』など。

講談社学術文庫

定価はカバーに表示してあります。

図説《ずせつ》 日本《にほん》の植生《しょくせい》
沼田《ぬまた》 眞《まこと》／岩瀬《いわせ》 徹《とおる》

2002年２月10日　第１刷発行
2012年10月５日　第14刷発行

発行者　鈴木　哲
発行所　株式会社講談社
東京都文京区音羽2-12-21 〒112-8001
電話　編集部（03）5395-3512
販売部（03）5395-5817
業務部（03）5395-3615

装　幀　蟹江征治
印　刷　株式会社廣済堂
製　本　株式会社国宝社



ISBN4-06-159534-2

# 「講談社学術文庫」の刊行に当たって

これは、学術をポケットに入れることをモットーとして生まれた文庫である。学術は少年の心を養い、成年の心を満たす。その学術がポケットにはいる形で、万人のものになることは、生涯教育をうたう現代の理想である。

こうした考え方は、学術を巨大な城のように見る世間の常識に反するかもしれない。また、一部の人たちからは、学術の権威をおとすものと非難されるかもしれない。しかし、それはいずれも学術の新しい在り方を解しないものといわざるをえない。

学術は、まず魔術への挑戦から始まった。やがて、いわゆる常識をつぎつぎに改めていった。学術の権威は、幾百年、幾千年にわたる、苦しい戦いの成果である。こうしてきずきあげられた城が、一見して近づきがたいものにうつるのは、そのためである。しかし、学術の権威を、その形の上だけで判断してはならない。その生成のあとをかえりみれば、その根は常に人々の生活の中にあった。学術が大きな力たりうるのはそのためであって、生活をはなれた学術は、どこにもない。

開かれた社会といわれる現代にとって、これはまったく自明である。生活と学術との間に、もし距離があるとすれば、何をおいてもこれを埋めねばならない。もしこの距離が形の上の迷信からきているとすれば、その迷信をうち破らねばならぬ。

学術文庫は、内外の迷信を打破し、学術のために新しい天地をひらく意図をもって生まれた。文庫という小さい形と、学術という壮大な城とが、完全に両立するためには、なおいくらかの時を必要とするであろう。しかし、学術をポケットにした社会が、人間の生活にとってより豊かな社会であることは、たしかである。そうした社会の実現のために、文庫の世界に新しいジャンルを加えることができれば幸いである。

一九七六年六月　　野間省一

## 自然科学

### 植物知識
牧野富太郎著（解説・伊藤　洋）

本書は、植物学の世界的権威が、スミレやユリなどの身近な花と果実二十二種に図を付して、平易に解説したもの。どの項目から読んでも植物に対する興味がわき、楽しみながら植物学の知識が得られる。

529

### 近代科学を超えて
村上陽一郎著

クーンのパラダイム論をふまえた科学理論発展の構造を分析。科学の歴史的考察と構造論的考察から、科学史と科学哲学の交叉するところに、科学の進むべき新しい道をひらいた気鋭の著者の画期的科学論である。

764

### 数学の歴史
森　毅著

数学はどのように生まれどう発展してきたか。数学史を単なる記号や理論の羅列とみなさず、あくまで人間の文化的な営みの一分野と捉えてその歩みを辿る。知的な挑発に富んだ、歯切れのよい万人向けの数学史。

844

### コペルニクス革命　科学思想史序説
T・クーン著／常石敬一訳

地動説の提唱はなぜ「革命」だったのか。西洋の伝統的宇宙観に対しコペルニクスの投じた一石の思想史的意義を、自然科学の枠を超え初めて明らかにした名テキスト。パラダイム概念をめぐる論議の〝原点〟。

881

### 数学的思考
森　毅著（解説・野崎昭弘）

「数学のできる子は頭がいい」か、それとも「数学などやる人間は頭がおかしい」か。ギリシア以来の数学的思考の歴史を一望。現代数学・学校教育の歪みを一刀両断。数学迷信を覆し、真の数理的思考を提示。

979

### 魔術から数学へ
森　毅著（解説・村上陽一郎）

西洋に展開する近代数学の成立劇。小数はどのように生まれたか、対数は、微積分は？　宗教戦争と錬金術が猖獗を極める十七世紀ヨーロッパでガリレイ、デカルト、ニュートンが演ずる数学誕生の数奇な物語。

996

杉田玄白著／酒井シヅ現代語訳（解説・小川鼎三）
**新装版解体新書**
日本で初めて翻訳された解剖図譜の現代語訳。オランダの解剖図譜『ターヘル・アナトミア』を玄白らが翻訳。日本における蘭学興隆のきっかけをなし、また近代医学の足掛りとなった古典的名著。全図版を付す。
1341

沼田　眞・岩瀬　徹著
**図説　日本の植生**
植物を群落として捉え、長年の丹念なフィールドワークをもとにまとめた労作。植物と生育環境の関係に視点を据え、群落の分布と遷移の特徴を簡明に説いた入門書で、日本列島の多様な植生を豊富な図版で展開。
1534

梶田　昭著（解説・佐々木　武）
**医学の歴史**
盛り沢山の挿話と引例。面白く読める医学史。絶えざる病との格闘。人間の叡智を傾けた病気克服のドラマとは？　主要な医学書の他、思想や文学書の文書まで自在に引用し、人類の医学発展の歩みを興味深く語る。
1614

牧野富太郎著
**牧野富太郎自叙伝**
植物分類学の巨人が自らの来し方をふり返る。幼少時から植物に親しみ、独学で九十五年の生涯の殆どを植物研究に捧げた牧野博士。貧困や権威に屈せず、信念を貫き通した博士が、独特の牧野節で綴る「わが生涯」。
1644

埴原《はにはら》和郎《かずろう》著
**人類の進化史**　二〇世紀の総括
猿人から現生人類への五百万年の遥かな道程。最初期のヒト＝猿人から現生人類へ到達するには、五百万年もの時間を要した。ＤＮＡ解析等による最新の研究成果を踏まえてたどる、興味深く壮大な人類の進化史。
1682

池田清彦著（解説・養老孟司）
**科学とオカルト**
大文字版
客観性を謳う科学の登場は、たかだか数百年前のこと。原理への欲望とコントロール願望に取りつかれた科学とオカルトはどこへ行くのか。社会、科学、オカルトの三者の関係を探究し、科学の本質と限界に迫る。
1802

## 文化人類学・民俗学

C・レヴィ＝ストロース著／室　淳介訳
**悲しき南回帰線（上）（下）**
「親族の基本構造」によって世界の思想界に波紋を投じた著者が、アマゾン流域のカドゥヴェオ族、ボロロ族など四つの部族調査と、自らの半生を紀行文の形式でみごとに融合させた「構造人類学」の先駆の書。
711・712

宮本常一著（解説・田村善次郎）
**民間暦**
民間に古くから伝わる行事の底には各地共通の原則が見られる。それらを体系化して日本人のものの考え方、労働の仕方を探り、常民の暮らしの折り目をなす暦の意義を詳述した宮本民俗学の代表作の一つ。
715

宮本常一著（解説・山崎禅雄）
**ふるさとの生活**
日本の村人の生き方に焦点をあてた民俗探訪。祖先の生活の正しい歴史を知るため、戦中戦後の約十年間にわたり、日本各地を歩きながら村の成立ちや暮らしの仕方、古い習俗等を丹念に掘りおこした貴重な記録。
761

宮本常一著（解説・田村善次郎）
**庶民の発見**
戦前、人々は貧しさを克服するため、あらゆる工夫を試みた。生活の中で若者をどう教育し若者はそれをどう受け継いできたか。日本の農山漁村を生きぬいた庶民の内側からの目覚めを克明に記録した庶民の生活史。
810

折口信夫著（解説・岡野弘彦）
**日本藝能史六講**
まつりと神、酒宴とまれびとなど独特の鍵語を駆使して藝能の発生を解明。さらに田楽・猿楽から座敷踊りまで日本の歌謡と舞踊の歩みを通観。藝能の始まりと展開を平易に説いた折口民俗学入門に好適の名講義。
994

柳田國男著（解説・桜田勝徳）
新装版**明治大正史　世相篇**
柳田民俗学の出発点をなす代表作のひとつ。明治・大正の六十年間に発行されたあらゆる新聞を渉猟して得た資料を基に、近代日本人のくらし方、生き方を民俗学的方法によってみごとに描き出した刮目の世相史。
1082

## 自然科学

**単位の進化** 原始単位から原子単位へ
高田誠二著
メートル、キログラムなどの身近な単位はどのように定められたのか。それは時の権力に翻弄されながら、懸命に研究を続けた先人たちの苦難の道程だった。秘められた歴史を、碩学がユーモア溢れる筆致で語る。
1831

**時とはなにか** 暦の起源から相対論的〝時〟まで
虎尾正久著（解説・高田誠二）
人々の生活の基本にあり、日常を区切り律する「時」は、どのような歴史を経て決められているのか。先人たちが苦労を重ね定めてきた歴史とともに、現代的な観点も含めて、専門家が壮大なテーマを易しく解説。
1889

**進化の設計**
佐貫亦男著／木村しゅうじ画（解説・小畠郁夫）
神が動物を設計するなら、どのように図面を引くのか？ 動物の生存と滅亡を分けたものは何か？ 九十余点のイラストをまじえ、航空力学の権威が動物の構造と機能を独自の視点から解明する異色の「進化論」。
1960

**高崎山のサル**
伊谷純一郎著（解説・佐倉 統）
世界最高水準を誇る日本の霊長類学の扉を開いた記念碑的名著。野生のニホンザルを追跡し観察を続け、世界で初めて群れの社会構造の全貌を解明するまでの過程をみずみずしい文章で綴る。毎日出版文化賞受賞作。
1977

**ビーグル号世界周航記** ダーウィンは何をみたか
C・ダーウィン著／荒川秀俊訳
進化論の提唱者ダーウィンが、南米・豪州・南太平洋への若き日の航海で目撃した世界の驚異。詳細な旅の記録『ビーグル号航海記』から人間・動物・植物・自然の記述を抜粋、細密な図版を豊富に交えて再編集。
1981

**創造への飛躍**
湯川秀樹著（解説・川合 光）
現代科学は技術文明を一変させる一方、人類と地球の危機も招来した。科学と平和とは。人間の創造性とは。自らの人生に真摯に向き合った思索の軌跡。小松左京との対話に加え、「この地球に生まれあわせて」も収録。
1983